Niels Schirrmeister

Bio-Lebensmittel als Beitrag für eine nachhaltige Ernährung?

GRIN Verlag

Bibliografische Information der Deutschen Nationalbibliothek:

Die Deutsche Bibliothek verzeichnet diese Publikation in der Deutschen Nationalbibliografie; detaillierte bibliografische Daten sind im Internet über http://dnb.d-nb.de/ abrufbar.

Impressum:

Druck und Bindung: Books on Demand GmbH, Norderstedt Germany
ISBN: 978-3-656-41281-6

Dieses Buch bei GRIN:

http://www.grin.com/de/e-book/212629/bio-lebensmittel-als-beitrag-fuer-eine-nachhaltige-ernaehrung

2013

Bio-Lebensmittel als Beitrag für eine nachhaltige Ernährung?

Niels Schirrmeister

Inhaltsverzeichnis

1 Einleitung

Das Ernährungsverhalten der Menschen in den Industrieländern hat sich gewandelt. Ging es noch vor 50 Jahren in vielen Industrieländern um die bloße Ernährungssicherung, so besteht heutzutage ein breites Angebot an Lebensmitteln, das in dieser Vielfalt nie zuvor da gewesen ist. Ermöglicht wird dies durch eine hoch effiziente Landwirtschaft und einer modernen Lebensmittelindustrie. Doch der gestiegene Bedarf an Lebensmitteln kann fast ausschließlich durch Massenproduktion gedeckt werden. Dies hat unkalkulierbare Auswirkungen auf die Natur und den Menschen. Bodenerosion, Trinkwasserbelastung, Pflanzenschutz- und Arzneimittelrückstände, Massentierhaltung, Zentralisierung und Konzentrierung von Betrieben sowie schlechte Arbeitsbedingungen in den Entwicklungsländern sind nur einige Folgen der Massenproduktion von Lebensmitteln. Aufgrund der nur schwer abzuschätzenden Langzeitfolgen und der Gefahr, dass zukünftige Generationen diesen Wohlstand nicht mehr ausschöpfen können und des gegenwärtigen Raubbaus an der Natur hat sich das Leitbild einer nachhaltigen Ernährung entwickelt. Dieses Leitbild wird durch verschiedene Modelle erklärt beziehungsweise ergänzt, in dem die positiven Auswirkungen einer nachhaltigen Ernährungsweise beziehungsweise die negativen Folgen der Produktion auf Masse in den verschiedenen Bereichen wie, der Gesellschaft, Natur, Wirtschaft, Politik und des einzelnen Menschen analysiert werden kann.

Spätestens seit der ersten Öko-Verordnung (EWG) Nr. 2092/91 im Jahre 1991 sind Bio-Lebensmittel fest im europäischen Markt integriert. Dies hat zu zahlreichen wissenschaftlichen Aktivitäten geführt, um die Frage zu beantworten, wodurch sich Bio-Lebensmittel von konventionell hergestellten Lebensmitteln unterscheiden. (Mayer-Miebach, 2010)

Ob Bio-Lebensmittel ernährungsphysiologisch wertvoller sind oder im Sinne des Leitbildes einer nachhaltigen Ernährung ökonomisch, soziale und/oder ökologische Auswirkungen haben, soll in dieser Arbeit anhand eines ausgewählten Modells näher recherchiert werden.

2 Grundlagen von Bio-Lebensmitteln

Die Vorsilbe „Bio-“ bedeutet gemeinhin, dass etwas Naturgemäßes beziehungsweise natürliches mit einem Produkt in Verbindung steht. Bio-Lebensmittel sind ökologische/biologische Produkte, die prinzipiell ökologisch angebaut werden oder sich durch eine artgerechte Tierhaltung auszeichnen. Ein ökologisches Produkt hebt sich im Allgemeinen von einem konventionellen Produkt dadurch ab, dass bei gleichem Gebrauchsnutzen das ökologische Produkt bei der Verwendung, Herstellung und Entsorgung eine geringere Umweltbelastung erzeugt. (Faltins, 2010)

2.1 Rechtliche Grundlagen

Die Zusätze „Bio“ oder „Öko“ sind in der gesamten Europäischen Union gesetzlich geschützt. Alle Bio-Lebensmittel, die unter dieser Bezeichnung auf den Markt kommen, müssen die gesetzlichen Vorgaben erfüllen. Dies umfasst nicht nur deren Erzeugung, sondern die gesamte Produktionskette. (Faltins, 2010)

Um einen Mindeststandard bei Bio-Lebensmitteln zu garantieren, gelten für alle Betriebe der Produktionskette strenge Anforderungen. Die *Verordnung (EG) Nr. 834/2007 des Rates über die ökologische/biologische Produktion und die Kennzeichnung von ökologischen/biologischen Erzeugnissen* legt den Gesetzesrahmen für alle Stufen des Vertriebs, der Produktion, der Kontrolle und Kennzeichnung von Bio-Lebensmitteln fest. Diese Verordnung wird auch im allgemeinen Sprachgebrauch EU-Öko-Verordnung oder kurz Öko-Verordnung genannt. Der Anwendungsbereich gilt für folgende Produkte: lebende oder unverarbeitete Erzeugnisse, Futtermittel, Saat- und Pflanzgut und verarbeitete Lebensmittel. Aquakultur, Hefen, gesammelte Meeresalgen und Wildpflanzen gehören ebenfalls zum Anwendungsbereich. (Amtsblatt der Europäischen Union, 2007); (Europäische Kommission, II, 2012)

Eine Weiterführung der EU-Öko-Verordnung erfolgt durch die Durchführungsverordnung (EG) Nr. 889/2008 der Kommission vom 5. September 2008. In der Durchführungsverordnung (EG) Nr. 889/2008 sind die Durchführungsvorschriften zur Öko-Verordnung des Rates über die ökologische Produktion und die Kennzeichnung von ökologischen Produkten hinsichtlich der ökologischen Produktion, Kennzeichnung und Kontrolle geregelt. Jedoch nicht in den Bereichen, in denen die EU-Öko-

Verordnung anders verordnet wurde. (BMELV, V, 2012); (Europäische Kommission, II, 2012)

Die Regeln für Importe biologischer Erzeugnisse aus Drittländern werden in der Verordnung (EG) Nr. 1235/2008 der Kommission vom 8. Dezember 2008 geregelt. (Europäische Kommission, II, 2012)

Der Öko-Landbau wird zudem durch das Öko-Landbaugesetz vom 7. Dezember 2008 (BGBl. I S. 2358) ergänzt, welches der Durchführung der Verordnung (EG) Nr. 834/2007 des Rates dient (Bundesministeriums der Justiz, 2008).

Des Weiteren existieren keine verbindlichen Verbandsrichtlinien, die über den gesetzlichen Mindeststandard der EG-Öko-Verordnung hinausgehen und somit die Teilnehmer berechtigen, das jeweilige Verbands-Logo zu nutzen (Planer, Gesetzliche Grundlagen des Öko-Landbaus, 2012); (Finsterer, 2012).

2.2 Das gesetzliche Bio-Siegel/Logo

Die Vergabe des Deutschen Bio-Siegels oder des EU-Bio-Logos richten sich nach den Kriterien der EU-Rechtsvorschriften für den ökologischen Landbau (BMELV, IV, 2012). Folgende Bedingungen müssen für eine Siegelvergabe erfüllt werden:

- Nur die Erzeuger-, Verarbeitungs- und Importunternehmen, die die gesetzlichen Bestimmungen nach geltendem EU-Recht (siehe Kapitel 2.1) erfüllen und sich einer regelmäßigen Kontrolle unterziehen, können Lebensmittel mit dem Vorsatz *„Bio“* oder *„Öko“* verkaufen beziehungsweise das Deutsche Bio-Siegel oder das EU-Bio-Logo auf ihren Produkten abbilden.
- Ein Bio-Lebensmittel muss mindestens zu 95 Prozent aus Zutaten ökologischer Landwirtschaft bestehen. Im Rahmen von streng geregelten Ausnahmen dürfen Zutaten nicht-ökologischen Ursprungs bis zu einem Anteil von maximal 5 Prozent enthalten sein.
- Bei der Produktkennzeichnung muss die Codenummer der zuständigen Öko-Kontrollstelle vermerkt sein. Die Codenummer lautet: DE-ÖKO-000, wobei „DE“ für Deutschland und „000“ für die Kennziffer der jeweiligen Kontrollstelle steht. (BMELV, IV, 2012)

Auf nationaler Ebene wurde in Deutschland im Jahre 2001 vom Bundesministerium für Verbraucherschutz, Ernährung und Landwirtschaft ein eigenes Bio-Siegel (siehe Abbildung 1) auf Grundlage der EU-Öko-Verordnung erfolgreich eingeführt (Finsterer, 2012). Am 29. Mai 2012 wurde in Deutschland das 65.000. Bio-Produkt mit dem Deutschen Bio-Siegel gekennzeichnet. 4.080 Firmen entschieden sich seit dem Jahre 2001, das Bio-Siegel einzuführen. Der Bekanntheitsgrad des Bio-Siegels in der Bevölkerung liegt bei 87 Prozent. Somit ist das Siegel für die Unternehmen als einheitliches Instrument zur Kennzeichnung von Bio-Lebensmitteln von hoher Bedeutung. Für die Konsumenten schafft das Siegel Sicherheit, Transparenz und eine seriöse Orientierungshilfe im Zeichendschungel der Öko-Wirtschaft. (BMELV, IV, 2012)

Abbildung 1: Deutsches Bio-Siegel
(BMELV, I, 2012)

Auf supranationaler Ebene gilt für alle EU-Mitgliedsstaaten ab dem 1. Juli 2012 ein neues, einheitliches EU-Bio-Logo (siehe Abbildung 2), welches verbindlich auf allen Bioprodukten abgebildet werden muss. Das neue EU-Bio-Logo garantiert, dass die damit gekennzeichneten Produkte gemäß der EU-Öko-Verordnung hergestellt worden sind. Das deutsche Bio-Siegel bleibt weiterhin bestehen. Sowohl das EU-Bio-Logo als auch das deutsche Bio-Siegel können durch privatwirtschaftliche Logos wie die der deutschen Anbauverbände ergänzt werden. (BMELV, I, 2012)

Abbildung 2: EU-Bio-Logo
(Europäische Kommission, II, 2012)

2.3 Kontrolle und Zertifizierung

Zur Sicherung der EG-Öko-Verordnung existiert ein strenges Kontrollsystem, das bei jedem Schritt der Produktkette durchgeführt wird (Europäische Kommission, III, 2012). Somit müssen sich alle Betriebe, die unverarbeitete landwirtschaftliche

Erzeugnisse, Lebensmittel, Futtermittel, Saatgut erzeugen oder ökologische Produkte herstellen, anbauen, aufbereiten lagern oder importieren, einem Kontrollverfahren unterziehen (BLE, II, 2012). Diese Betriebe müssen sich in dem Bundesland, in dem sie ansässig sind, bei einer anerkannten Kontrollstelle anmelden. Die Kontrollstellen selbst sind in der Regel private Unternehmungen, die von den lokal zuständigen Behörden akkreditiert und kontrolliert werden. Die Kosten muss jeder Betrieb selbst tragen, wobei das Preis-Leistungs-Verhältnis unter den Kontrollstellen variiert. Die Kontrollstandards, nach denen geprüft wird, sind jedoch überall gleich (BLE, I, 2011). Zur Vereinfachung der Kontrollen müssen alle Bio-Unternehmen über ihre Erzeugnisse und verwendeten Betriebsmittel genau Buch führen. Bio-Lebensmittel müssen vom Erzeuger bis zum Händler schriftlich rückverfolgbar sein. (BMELV, IV, 2012) Die Kontrollen erfolgen mindestens einmal im Jahr und werden im Vorfeld angemeldet. Zudem werden unangemeldete Stichprobenkontrollen durchgeführt. Bei Regelverletzungen oder Unregelmäßigkeiten werden die Betriebe mit Geldstrafen bestraft, Auflagen und den dazugehörigen kostenpflichtigen Nachkontrollen bis hin zur Aberkennung der Bezeichnung Öko-Betrieb. (BLE, I, 2011); (Europäische Kommission, III, 2012)

Neben den Prüfungen der Bio-Kontrollstellen müssen sich die Unternehmen ebenfalls den futter- und lebensmittelrechtlich in Deutschland vorgeschriebenen Kontrollen unterziehen. (BMELV, IV, 2012)

2.4 Die Öko-Anbauverbände

Die Öko-Anbauverbände etablierten sich bereits vor der ersten gesetzlichen Regelung für den Anbau und Herstellung von Bio-Lebensmitteln in Europa im Jahre 1992. Landwirte und Produzenten stehen dabei in einem Vertragsverhältnis mit einem bestimmten Verband und verpflichten sich darin zur Einhaltung der jeweiligen Verbandsrichtlinien. Die Verbandsrichtlinien der Öko-Anbauverbände setzen unterschiedliche Schwerpunkte, die exemplarisch in Tabelle 1 aufgezeigt werden. Die gesetzlichen Anforderungen der EU-Öko-Verordnung werden in den jeweiligen Verbandsrichtlinien in der Regel deutlich übertroffen. Wenn alle Permissen erfüllt sind, kann das Produkt mit dem jeweiligen Siegel des Öko-Anbauverbandes (siehe Tabelle 1) versehen werden. Die Kontrolle erfolgt durch die Verbände in regelmäßigen Abständen. (Öko-Fair, 2012) Nach der EU-Öko-Verordnung dürfen die

Produzenten und Landwirte ihre Unternehmen auch nur partiell ökologisch ausrichten. Nach den Vorgaben der Öko-Verbände ist dies nicht möglich, da ein ganzheitliches System der ökologischen Bewirtschaftung und/oder Produktion von Bio-Lebensmitteln verfolgt wird. Der Kreislauf von Boden, Pflanze und Tier soll im gesamten Betrieb gewahrt werden. In Deutschland arbeiten bereits rund 70 Prozent aller Öko-Landwirte nach den Richtlinien eines Öko-Anbauverbandes. (Stiftung Warentest, 2010)

Tabelle 1: Siegel und Schwerpunkte verschiedener Öko-Anbauverbände **(Stiftung Warentest, 2010)**

Öko-Anbauverband	*Siegel*	*Konzept/Schwerpunkt*
Bioland	Bioland ÖKOLOGISCHER LANDBAU	Mit 84 Herstellern und 5.230 Bauern der größte Verband in Deutschland. Das Konzept beruht auf dem organisch-biologischen Anbau aus dem Jahre 1940.
Demeter	demeter	Das Konzept basiert auf der biologisch-dynamischen Landwirtschaft. Der Verband hat 400 Landwirte und 220 Hersteller als Mitglieder in Deutschland.
Biopark	BIOPARK® Ökologischer Landbau	Im Jahre 1991 in Mecklenburg-Vorpommern gegründet mit inzwischen rund 700 Mitgliedern. Der Schwerpunkt sind Milch und Fleischprodukte.
Ecovin	ECOVIN	Ein Öko-Verband für Winzer (210 Ökowinzer) seit dem Jahr 1985. Das Konzept beruht auf einem schonenden Umgang mit Wasser und Boden.

2.5 Ökologischer/biologischer Landbau

In Deutschland hat sich die anthroposophisch geprägte und biologisch-dynamische Wirtschaftsweise durch die biologisch-dynamische (Demeter) und organisch-biologische Landwirtschaft (Bioland) entwickelt. Beide existieren seit den zwanziger Jahren des 20. Jahrhunderts und haben bis heute Bestand (Planer, 2010). Das Hauptziel der ökologischen beziehungsweise biologischen Landwirtschaft ist es, das

Land nachhaltig zu bewirtschaften und dabei die Umwelt so wenig wie möglich zu belasten und zusätzlich Ressourcen zu schonen (Faltins, 2010).

Der ökologische Landbau begreift die Landwirtschaft als ganzheitliches System aus Menschen, Tieren, Boden und Pflanzen. Der Betreiber bewirtschaftet seinen Betrieb in diesem System als eine Art Betriebskreislauf (siehe Abbildung 3), in dem der Landwirt nur wenig oder gar keine Hilfsmittel (Dünger, Pflanzenschutzmittel, Antibiotika bei Tieren) hinzufügt (Meyer, 2012). Ackerbau und Viehzucht sollten dabei miteinander gekoppelt sein, sodass neben Verkaufsfrüchten auch das Viehfutter aus eigener Bewirtschaftung stammt. Tierischer Kot und pflanzliche Abfälle werden auf die Ackerfläche zurückgeführt, sodass der Erhalt der Bodenfruchtbarkeit gewährleistet ist. (Ökolandbau, I, 2012) Die Tierzahl darf in einem ökologischen Betrieb nur so hoch sein, dass maximal 170 Kilogramm Stickstoff per Anno und Hektar anfallen. So ist gewährleistet, dass es nicht zu einem Nährstoffüberschuss kommt, der das Grundwasser und die Umwelt belastet. Falls kein tierischer Kot vorhanden ist, muss dieser durch Leguminosen zur Düngung ausgeglichen werden. (BLE, I, 2011)

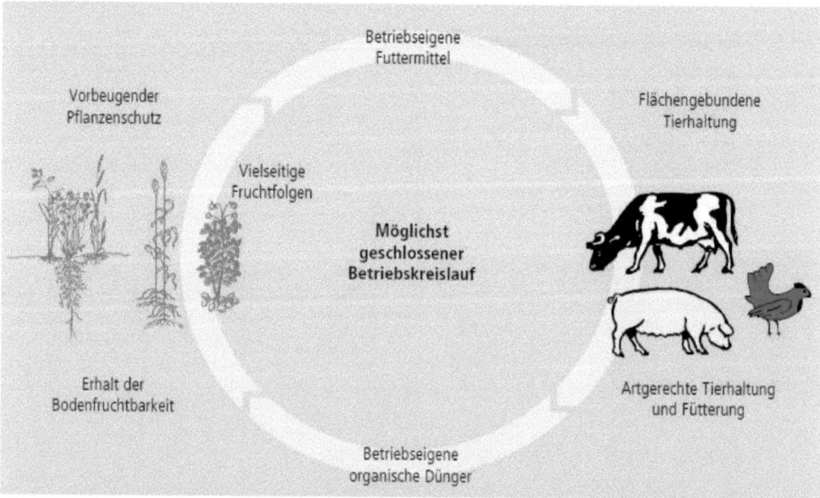

Abbildung 3: Betriebskreislauf einer ökologischen Landwirtschaft **(Neuerburg & Padel, 1992)**

Es bestehen folgende Prinzipien beziehungsweise Ziele für den ökologischen Landbau, die zum großen Teil durch das geltende EU-Recht (siehe Kapitel 2.1) oder ergänzend durch die jeweiligen Öko-Anbauverbände geregelt sind:

- Weitestgehend geschlossene Betriebskreisläufe/Nährstoffkreisläufe

- Erhaltung und Anhebung der Bodenfruchtbarkeit
- Nutzung natürlicher Regelmechanismen
- Schonung und behutsame Behandlung natürlicher Ressourcen
- Energieeffiziente und nachhaltige Produktionsweisen
- Artgerechte und flächengebundene Tierhaltung
- Die natürlichen Lebensgrundlagen Wasser, Boden und Luft schützen
- Aktiver Arten- und Naturschutz
- Energie- und Rohstoffe schonen
- Erzeugung hochwertiger und gesunder Lebensmittel
- Arbeitsplätze erhalten
- Kein Einsatz von genetisch veränderten Organismen (GVO); (Ökolandbau, I, 2012); (Wilbois, 2010)

2.6 Bio-Lebensmittel verarbeitende Betriebe

Sobald ein Bioprodukt den Bauernhof verlässt, um in einem Lebensmittelbetrieb verarbeitet zu werden, muss bei jedem Produktionsprozess ebenfalls die EU-Öko-Verordnung (siehe 2.1) eingehalten werden. Die Lebensmittel verarbeitenden Betriebe und die vor- und nachgelagerten Betriebe wie Vermarkter und Lieferanten verfolgen dabei die gleichen Ziele, die Bereitstellung authentischer und frischer Bio-Lebensmittel, die die Natur und deren Systeme anerkennen. (Europäische Kommission I, 2012). Dabei werden die Bio-Lebensmittel möglichst werterhaltend beziehungsweise schonend verarbeitet. Die Öko-Anbauverbände entwickeln detaillierte Richtlinien für die Bio-Lebensmittelverarbeitung, in denen genau geregelt ist, welche Rohstoffe, Zusatzstoffe und Verfahrensweisen zulässig sind. Die EG-Rechtsvorschriften regeln den verarbeitenden Prozess, indem viele technisch notwendige Hilfsstoffe nicht zugelassen sind. (BLE, I, 2011)

Für die Bio-Lebensmittel verarbeitenden Betriebe gelten folgende drei grundsätzliche Prinzipien:

1. *strenge Einschränkung der Zusatzstoffe und Verarbeitungshilfsmittel*
2. *strenge Einschränkung chemisch synthetisierter Zusatzstoffe*
3. *Verbot des Einsatzes von gentechnisch veränderten Organismen (GVO),* (Europäische Kommission I, 2012)

Folgende Anforderungen müssen bei der Verarbeitung von Bio-Lebensmitteln nach geltendem EU-Recht (siehe Kapitel 2.1) erfüllt werden:

- *„die Herstellung von Waren, die hauptsächlich landwirtschaftlichen Ursprungs sind*
- *die ausschließliche Verwendung von Inhaltsstoffen nicht landwirtschaftlichen Ursprungs, die von der Kommission oder den EU-Mitgliedsländern zugelassen worden sind*
- *die Verwendung einer sehr begrenzten Anzahl von Zusatzstoffen und Verarbeitungshilfsmitteln, die unter bestimmten Bedingungen von der Kommission zugelassen worden sind*
- *das Verbot von künstlichen Geschmacksverstärkern und Farbstoffen*
- *die Gewährleistung, dass biologische und nicht biologische Lebensmittelinhaltsstoffe zu allen Zeiten getrennt gelagert, gehandhabt und verarbeitet werden“.* (Europäische Kommission I, 2012)*;* (Amtsblatt der Europäischen Union, 2007)

3 Zum Verständnis des Konzepts der Nachhaltigkeit

Beim Konzept der Nachhaltigkeit handelt es sich um ein Leitbild, welches ethische Entscheidungen beinhaltet und maßgeblich von Werturteilen geprägt ist (Erdmann, Sohr, Behrendt, & Kreibich, 2003).

3.1 Internationales Konzept der Nachhaltigkeit

Der Ursprung internationaler Diskussionen zum Konzept der nachhaltigen Entwicklung ist der Abschlussbericht der Weltkommission für Umwelt und Entwicklung im Jahre 1987 (Brundtland-Kommission) mit dem Titel „Unsere gemeinsame Zukunft“. Hierbei wurde die Nachhaltigkeit beziehungsweise nachhaltige Entwicklung definiert als: „eine Entwicklung, die die Bedürfnisse der Gegenwart befriedigt, ohne zu riskieren, dass künftige Generationen ihre eigene Bedürfnisse nicht befriedigen können“ (Bauer, 2008).

Seit dem Gipfel von Rio de Janeiro im Jahre 1992, der von den Vereinten Nationen zu den Themen Umwelt und Entwicklung (UNCED) veranstaltet wurde, stehen das Prinzip der Nachhaltigkeit und das Konzept der nachhaltigen Entwicklung auf der

Agenda internationaler Umwelt- und Entwicklungspolitiken. Hundertachtundsiebzig Staaten verpflichteten sich in der Riodeklaration, speziell in den Bereichen der Umwelt- und Entwicklungspolitik, zukünftig enger zusammenzuarbeiten. International gesehen beschreibt das Prinzip der Nachhaltigkeit das Bemühen der Weltgemeinschaft, allen Ländern und Völkern dieser Erde gleiche Entwicklungsmöglichkeiten zu eröffnen und dabei gleichzeitig die Interessen nachfolgender Generationen zu berücksichtigen. Ausdrücklich wird im Prinzip der Nachhaltigkeit der Erhalt natürlicher Lebensgrundlagen zum zentralen Anliegen gemacht, da es ein bedeutsames globales Politikziel ist, eine Trendwende im Umwelt- und Ressourcenverbrauch der global vernetzten Weltwirtschaft einzuleiten. (Bauer, 2008)

3.2 Gesellschaftliche Leitbilder zur Nachhaltigkeit auf nationaler und regionaler Ebene

Der Begriff Nachhaltigkeit ist vielfältig in Verwendung und wird in nahezu allen Bereichen der Wirtschaft, Gesellschaft und Politik verwendet, daher existieren verschiedene Definitionen, die sich aber nur im Detail voneinander unterscheiden (Schönberger & Brunner, 2005).

Das *Wupportal Institut*[1] definiert den Begriff der Nachhaltigkeit wie folgt: „Nachhaltig ist eine Entwicklung, in der die Bedürfnisse heutiger Generationen befriedigt werden sollen, ohne die Lebensgrundlagen kommender Generationen zu gefährden." Das Wuppertal Institut nimmt mit dieser Definition die Position einer *„starken Nachhaltigkeit"* ein. (Erdmann, Sohr, Behrendt, & Kreibich, 2003) Hierbei stehen die natürlichen Ressourcen im Vordergrund, da bei diesem Leitbild angenommen wird, dass das Naturkapital durch kein anderes Kapital, wie künstliches Kapital (z. B. Technik und Geld) oder Humankapital ersetzt werden kann (Gabler, 2012). Durch den Erklärungsversuch eines Umweltraumes versucht das Wuppertal Institut, ein ökologisches Nutzungskonzept in Zielwerte zu überführen, indem maximale Belastungsgrenzen des Naturverbrauches bestimmt werden (Erdmann, Sohr, Behrendt, & Kreibich, 2003).

[1] **Wuppertal Institut für Klima, Energie und Umwelt:** entwickelt Leitbilder und Strategien zu einer nachhaltigen Entwicklung auf regionaler, nationaler und internationaler Ebene.

Bei der „schwachen Nachhaltigkeit" wird davon ausgegangen, dass das Naturkapital durch andere Formen des Kapitals substituiert werden kann (Gabler, 2012). Die *Akademie für Technikfolgenabschätzung*[2] nimmt mit ihrer Definition von Nachhaltigkeit solch eine Position ein. Sie definiert Nachhaltigkeit wie folgt: „Eine nachhaltige Entwicklung bedeutet, dass der Kapitalstock an natürlichen Ressourcen soweit erhalten bleibt, dass das Wohlstandsniveau zukünftiger Generationen mindestens dem Wohlstandsniveau der jetzigen Generation entsprechen kann." Anstelle des zentralen Begriffes der Lebensgrundlagen, wie bei der Definition des Wuppertal Instituts oder dem vornehmlichen Begriff der Bedürfnisse (Brundtland-Kommission), tritt bei der Akademie für Technikfolgenabschätzung der Begriff des Wohlstandsniveaus in den Vordergrund. Hierbei wird dem natürlichen Kapital kein Gegenwert zugemessen, vielmehr besitzt die Umwelt nur in Beziehung zum Menschen eine Wertschätzung. Die Akademie für Technikfolgenabschätzung vertritt somit eine anthropozentrische Sichtweise, in der nicht gleich alles, was in der Natur vorhanden ist, unter Naturschutz gestellt wird. (Erdmann, Sohr, Behrendt, & Kreibich, 2003)

Im Kern geht es bei dem Thema Nachhaltigkeit beziehungsweise nachhaltige Entwicklung um die Befriedung menschlicher Bedürfnisse in der Gegenwart, ohne dabei zukünftige Generationen um diese Chancen zu berauben. Dabei geht es nicht nur um die Sicherung der natürlichen Lebensgrundlagen, sondern auch um soziale Gerechtigkeit sowie eine angemessene wirtschaftliche Entwicklung.

4 Nachhaltige Ernährung und Ernährungsökologie

Die nachhaltige Ernährung fügt sich in die in Kapitel 3.2 genannten gesellschaftlichen Leitbilder von Nachhaltigkeit ein. Jedoch existiert zurzeit noch keine allgemeingültige Definition, um die Komplexität der Agrar- und Ernährungswirtschaft inklusive aller vor- und nachgelagerten Wirtschaftsbereiche der Nahrungskette zu erfassen (Wilhelm & Kustermann, 2005). Aufgrund der Notwendigkeit einer ganzheitlichen und vernetzten Betrachtungsweise geht das Gebiet der nachhaltigen Ernährung auf den Wissenschaftsbereich der Ernährungsökologie zurück. Die Ernährungsökologie ist ein Fachgebiet innerhalb der Ökotrophologie und wurde 1986 aufgrund eines

[2] **Akademie für Technikfolgenabschätzung:** aus Baden-Württemberg mit der Aufgabe, Technikfolge und Nachhaltigkeitskonzepte zu erforschen. Seit Ende 2003 aus Kostengründen geschlossen.

studentischen Arbeitskreises mit Unterstützung von Prof. Claus Leitzmann an der Universität Gießen gegründet. (Koerber K. , 2012)

Nach Koerber, Männle und Leitzmann gilt folgende allgemein anerkannte Definition für die Ernährungsökologie: „Die Ernährungsökologie ist ein interdisziplinäres Wissenschaftsgebiet, das die komplexen Beziehungen innerhalb des gesamten Ernährungssystems untersucht und bewertet. Dieses beinhaltet alle Teilbereiche von der landwirtschaftlichen Erzeugung der Lebensmittel über Verarbeitung, Verpackung, Transport und Handel bis zu Verzehr und Abfallentsorgung. Über die in der Ernährungswissenschaft übliche Dimension Individuum bzw. Gesundheit hinaus werden die Dimensionen Umwelt, Wirtschaft und Gesellschaft gleichwertig einbezogen." (Koerber, Männle, & Leitzmann, 2012)

Folgende Vorsätze strebt die Ernährungsökologie an: „Ziel der Ernährungsökologie ist, wissenschaftlich fundierte Erkenntnisse über die vernetzten gesundheitlichen, ökologischen, ökonomischen und sozialen Bedingungen und Auswirkungen des Umgangs mit Lebensmitteln zu gewinnen. Dieses ermöglicht die Entwicklung von realisierbaren, nachhaltigen bzw. zukunftsorientierten Ernährungskonzepten und bietet die Basis für ein bewusstes Essverhalten". (Koerber, Männle, & Leitzmann, 2012)

Die Ernährungsökologie stellt somit nicht den gesundheitlichen Aspekt, wie eigentlich üblich in der Ernährungswissenschaft, in den Vordergrund. Vielmehr geht es hierbei um die gleichwertige Einbeziehung der gesundheitlichen, ökologischen, sozialen und ökonomischen Dimensionen. Hierbei fügt sich das Konzept der nachhaltigen Ernährung mit all seinen umfassenden Ansprüchen nahtlos ein. (Koerber K. , 2012)

Aus dem Wissenschaftsgebiet der Ernährungsökologie wurden folgende sieben Grundsätze für eine nachhaltige Ernährung entwickelt. (Koerber K. , 2012)

1. *„Bevorzugung pflanzlicher Lebensmittel (überwiegend lakto-vegetabile Kost)*
2. ***Ökologisch erzeugte Lebensmittel***
3. *Regionale und saisonale Erzeugnisse*
4. *Bevorzugung gering verarbeiteter Lebensmittel - reichlich Frischkost*
5. *Umweltverträglich verpackte Produkte*
6. *Fair gehandelte Lebensmittel*

7. *Genussvolle und bekömmliche Speisen*" (Koerber, Männle, & Leitzmann, 2012)

Die sieben Grundsätze sind in vier Dimensionen der Ernährungsökologie eingebettet (Wilhelm & Kustermann, 2005).

5 Das Modell der vier Dimensionen nachhaltiger Ernährung

Das allgemein anerkannte Modell der vier Dimensionen aus der Ernährungsökologie, in das die gesundheitlichen, ökologischen, sozialen und ökonomischen Dimensionen gleichwertig einbezogen werden, findet auch im Forschungsbereich der nachhaltigen Ernährung Anwendung. Mit diesem Modell lässt sich eine Vielzahl von Betrachtungsweisen auf den verschiedenen Systemebenen berücksichtigen. (Hoffmann, Schneider, & Leitzmann, 2011); (Koerber K. , 2012). Eine Unterscheidung zu den klassischen internationalen und gesellschaftlichen Theorien der Nachhaltigkeit besteht grundsätzlich dahingehend, dass bei der nachhaltigen Ernährung beziehungsweise Ernährungsökologie eine vierte Dimension, die gesundheitliche Dimension, als eigenständige und gleichwertige Dimension hinzugefügt wird (Herde, 2005). Durch das Modell der vier Dimensionen wird die gesamte Bandbreite der Agrar- und Ernährungswirtschaft entlang der Produktkette, von der Erzeugung bis zum Verbrauch, eingeschlossen (Hoffmann, Schneider, & Leitzmann, 2011).

Abbildung 4 veranschaulicht die vier gleichberechtigten Dimensionen der nachhaltigen Ernährung, die in stetiger Wechselwirkung zueinander stehen. Die verschiedenen Elemente der Agrar- und Ernährungswirtschaft befinden sich dabei sowohl innerhalb einer bestimmten Dimension, aber zumeist auch miteinander vernetzt dimensionsübergreifend. Dies wird durch die Pfeile symbolisiert. Dimensionsübergreifend befinden sich die Akteure Wirtschaft, Gesellschaft im Allgemeinen und das Individuum, der einzelne Mensch, der durch seine Ernährungsweise beziehungsweise sein Konsumverhalten maßgeblich zur Nachhaltigkeit beiträgt. Die Umwelt steht hierbei in einem besonderen Fokus, da es im Kern darum geht, die natürlichen Lebensgrundlagen für kommende Generationen zu sichern.

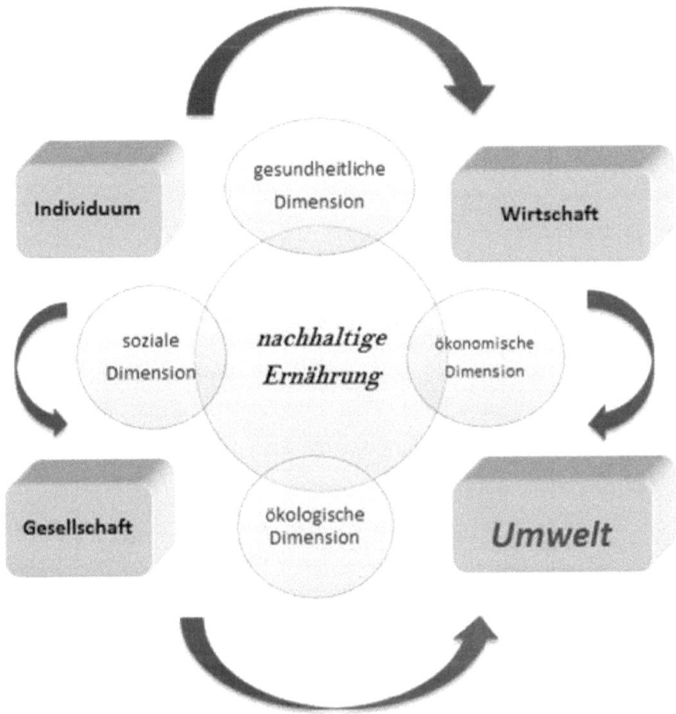

Abbildung 4: Die vier Dimensionen nachhaltiger Ernährung, modifiziert **(Koerber, Männle, & Leitzmann, 2012)**

Die *gesundheitliche Dimension* bezieht sich vor allem auf physische und psychische Befindlichkeiten des einzelnen Menschen, des Individuums. Dazu zählen die Qualität der Lebensmittel und die Wirkungen auf den menschlichen Organismus beim Verzehr entlang der gesamten Produktkette (Einsatz und Wirkung von Pestiziden, Lärm und Dämpfe der Lebensmittel-verarbeitenden Industrie). Das Optimum für diese Dimension ist die Erreichung eines allgemeinen Wohlbefindens und die Abwesenheit von ernährungsbedingten Krankheiten beziehungsweise Mangelerscheinungen (Vitamine, Mineralien und Spurenelemente). (Hoffmann, Schneider, & Leitzmann, 2011)

Bei der *ökologischen Dimension* werden alle Bestandteile der Agrar- und Ernährungswirtschaft einbezogen, die mit den natürlichen Lebensgrundlagen des Menschen in Verbindung stehen. Hierbei stehen die Umweltauswirkungen besonders im Blickfeld. Der Erhalt der natürlichen Umwelt beziehungsweise der Ressourcen für künftige Generationen auf globaler und lokaler Ebene ist hier die oberste Maxime. (Hoffmann, Schneider, & Leitzmann, 2011); (Koerber K. , 2012)

Die *soziale Dimension* bezieht die unterschiedlichen Akteure der Gesellschaft, Politik und Wirtschaft unter rechtlichen, politischen, kulturellen, ethischen und vor allem sozio-ökonomischen Aspekten der Agrar- und Ernährungswirtschaft mit ein (Hoffmann, Schneider, & Leitzmann, 2011). Diese Dimension ist insbesondere mit ökonomischen Aspekten vernetzt (Koerber K. , 2012).

Die *ökonomische Dimension* beinhaltet alle wirtschaftlichen Aspekte, wie die Preisentwicklung durch Angebot und Nachfrage und die Kosten entlang der ernährungsbezogenen Produktkette. Das Hauptziel in dieser Dimension ist die Befriedung der menschlichen Bedürfnisse im Segment Ernährung, wobei knappe Produkte optimal verteilt werden sollten. (Hoffmann, Schneider, & Leitzmann, 2011) Aufgrund der Globalisierung verlagert sich diese Dimension aus dem regionalen und nationalen Bereich zunehmend auf eine globale Ebene, auf der das Funktionieren der Märkte und der damit einhergehenden Nahrungssicherheit gewährleistet werden muss. (Koerber & Kretschmer, 2006)

6 Bio-Lebensmittel unter Betrachtung der vier Dimensionen nachhaltiger Ernährung

Die Ernährungsweise und das Konsumverhalten haben soziale, ökonomische, ökologische und gesundheitliche Auswirkungen. Diese vier Dimensionen sind eng miteinander verwoben und stehen in stetiger Wechselwirkung miteinander. Anhand eines Modells, in dem diese vier Dimensionen einzeln betrachtet werden, wird im Folgenden untersucht, inwiefern der Konsum von Bio-Lebensmitteln zu einem nachhaltigen Ernährungsstil beitragen kann. (Koerber & Kretschmer, 2006) .

6.1 Ökonomische Dimension

Die Agrar- und Ernährungswirtschaft, auch „Agribusiness" genannt, umfasst alle vor- und nachgelagerten Wirtschaftsbereiche der Nahrungskette. Sie wird allzu oft von der Öffentlichkeit unterschätzt, was ihren Anteil an der Gesamtwirtschaft betrifft: In dem Sektor sind rund 11,5 Prozent aller deutschen Erwerbstätigen (rund 4,5

Millionen Menschen) beschäftigt, was einen Anteil von rund 20 Prozent des Produktionswertes der gesamten deutschen Volkswirtschaft ausmacht. (Schmitz, 2010) Somit ist das Agribusiness der drittgrößte Wirtschaftszweig in Deutschland (Koerber & Kretschmer, 2006). Nach einer Studie der Georg-August-Universität Göttingen und die Unternehmensberatung Ernst & Young verzeichnete das Agribusiness Rekordumsätze im Export. Im Jahre 2010 wurden Produkte für 66 Milliarden Euro weltweit exportiert, wobei der größte Anteil von 55 Milliarden Euro (87 Prozent) auf die europäischen Länder fiel. Im Vergleich zu 2009 bedeutet dies einen Anstieg von 7 Prozent. Prinzipiell geht es dem Agribusiness mit seinen stetig steigenden Umsatzzahlen der Umfrage zufolge gut. 77 Prozent aller befragten Unternehmer gaben an, dass ihre gegenwärtige Geschäftslage gut oder eher gut ist. Lediglich 4 Prozent der Befragten bezeichneten ihre Geschäftslage als schlecht oder eher schlecht. Große Betriebe sind im Allgemeinen zufriedener als kleinere Betriebe. (Janze, Schmidt, & Theuvsen, 2011) Nach einer Umfrage des Instituts für Betriebswirtschaft des Johann Heinrich von Thünen-Instituts (vTI) sind bei den Öko-Landbaubetrieben mehr als 50 Prozent mit ihrer wirtschaftlichen Situation grundsätzlich zufrieden oder sehr zufrieden. (Nieberg, Sanders, & Offermann, 2010)

6.1.1 Marktanteile ökologischer Betriebe

Der Anteil der Öko-Landbaufläche stieg im Vergleich zu 2010 um 2,5 Prozent auf 1.015.626 Hektar zum Ende des Jahres 2011. Die Zahl der ökologisch weiterverarbeitenden Betrieben, die nach den geltenden EU-weiten Kriterien arbeiten, ist um 564 gestiegen, das entspricht einem Zuwachs von 2,6 Prozent. Der Gesamtanteil der öko-verarbeitenden Betriebe am Agribusiness beträgt 7,5 Prozent und der Anteil des Öko-Landbaus 6,1 Prozent, gemessen an der gesamten landwirtschaftlichen Nutzfläche in Deutschland. Rund ein Drittel der öko-landwirtschaftlichen Nutzfläche und zwei Drittel der öko-verarbeitenden Betriebe befinden sich in den Bundesländern Baden-Württemberg und Bayern. (BMELV, V, 2012) Der wichtigste Rohstoff im deutschen Öko-Anbau ist das Getreide mit rund 50 Prozent Anteil an der gesamten Ackerfläche (circa 179.000 Hektar). Die wichtigsten Kulturen beim Getreideanbau sind Roggen, Weizen, Hafer, Sommergerste, Wintergerste und Körnermais. Bei den tierischen Erzeugnissen ökologischen Ursprungs liegt der Schwerpunkt in Deutschland auf der Rinder- und Schafhaltung, weil diese Tierarten Gras, Stroh und Heu als Futter benötigen und somit besonders gut in die Strukturen ökologischer Betriebe zu integrieren sind. Die Geflügel- und Schweinehaltung hingegen stellt, aufgrund der hohen Kosten, die durch die Haltungsansprüche und Energiefutterzugaben entstehen, in der ökologischen Tierhaltung nur ein kleines Marktsegment dar. (Engler, Häring, & Nieberg, 2010)

Die Bio-Branche hat sich inzwischen zu einem festen und sukzessiv wachsenden Segment im Agribusiness entwickelt: Ende des Jahres 2011 gab es insgesamt 19.349 Betriebe, die Bio-Lebensmittel erzeugen, 8.049 verarbeitende Betriebe, 297 Importeure, 159 Betriebe, die Futtermittel, Mischfuttermittel und Futtermittel-Ausgangserzeugnisse aufbereiten, sowie 2.038 reine Handelsunternehmen für Bio-Produkte. (BLE, III, 2011)

Deutschland verfügt innerhalb der Europäischen Union über den größten Absatzmarkt für Bio-Produkte. Allein im Zeitraum von 2000 bis 2010 verdreifachte sich der Umsatz an Bio-Produkten von 2,05 Milliarden Euro auf 5,9 Milliarden Euro. Diese beachtlichen Zuwächse lassen einen klaren Trend hin zu Bio-Produkten erkennen. (BMELV, III, 2012)

6.1.2 Preisgestaltung und -entwicklung von Lebensmitteln

Im Agribusiness herrscht in Deutschland seit den neunziger Jahren ein starker Preiskampf, der zu einem großen Teil von den Discountern verursacht wird. Durch die niedrigen Verbraucherpreise können vor allem die kleinen und mittelständigen Landwirte, Verarbeiter und Händler nicht mehr kostendeckend arbeiten. (Koerber & Kretschmer, 2006) Seit 1965 findet in der Landwirtschaft ein regelrechtes „Hofsterben“ statt, im Zuge dessen bis heute circa eine Millionen kleine oder mittelständige landwirtschaftliche Betriebe ihre Existenz aufgegeben haben. Durch die von der Agrar- und Ernährungspolitik geförderte Rationalisierung und Konzentrierung der Landwirschaft, des Lebensmittelhandels und der Verarbeitungsbetriebe überleben nur noch die großen Betriebe des Agribusiness. (Koerber & Kretschmer, 2006)

Bio-Lebensmittel sind generell teurer als konventionelle Lebensmittel. Die höheren Preise, die der Verbraucher für Bioprodukte bezahlt, werden jedoch der ökologischen und sozialen Wahrheit gerecht (biokonventionell, 2012), denn die Preisgestaltung der konventionell erzeugten Lebensmittel erfolgt ohne Berücksichtigung der „externen Kosten“, das heißt, der Kosten, die durch die ökologischen und sozialen Folgen der

Billigproduktion entstehen. Diese Folgekosten werden vor allem verursacht durch die intensive landwirtschaftliche Nutzung, die weitreichende Konsequenzen für die Umwelt hat: mit Chemikalien belastetes Trinkwasser, mit Schadstoffen belastete Böden und Luft, Erosion und Verdichtung der Böden, Artenschwund. Des Weiteren entstehen Kosten durch gesundheitliche Folgen für die Menschen aufgrund von Fehlmanagement beziehungsweise Profitgier oder durch mit Nitrat, Pestiziden und Tierarzneimitteln belastete Lebensmittel. Diese Kosten sind in den Verbraucherendpreisen konventioneller Lebensmittel jedoch nicht eingerechnet, sondern die Bürger zahlen sie entweder indirekt durch Steuern oder die Kosten werden auf zukünftige Generationen abgewälzt, was wider den Sinn der Nachhaltigkeit ist. Öko-Landwirte hingegen denken und handeln in Stoffkreisläufen (siehe Kapitel 2.5). Dadurch wird die Umwelt weit weniger belastet und die externen Folgekosten sind somit um ein Vielfaches geringer. (Kretschmer & Koerber, 2001)

Das Institut für Betriebswirtschaft des Johann Heinrich von Thünen-Instituts (vTI) hat die Einkommen von konventionellen Betrieben mit ähnlich strukturierten Öko-Betrieben verglichen. Um die verschiedenen Rechtsformen der Betriebe einzubeziehen, wurde als Bewertungsmaßstab der Gewinn plus Personalaufwand je Arbeitskrafteinheit (AK) herangezogen. Der durchschnittliche Gewinn plus Personalaufwand je Arbeitskrafteinheit ist im Jahre 2008 und 2009 bei den Ökobetrieben auf 29.918 Euro angestiegen (siehe Abbildung 5).

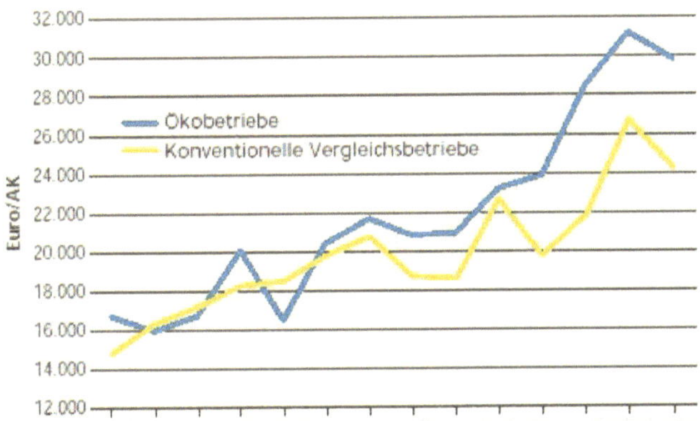

Abbildung 5: Entwicklung des Gewinns und Personalaufwands je Arbeitskraft (AK) in ökologischen und konventionellen Betrieben in Deutschland **(Nieberg, Sanders, & Offermann, 2010)**

Die konventionellen Betriebe verzeichneten einen Anstieg auf 24.277 Euro. Somit haben die Ökobetriebe im Allgemeinen einen um 23 Prozent höheren Gewinn erzielt, was die höheren Verbrauchspreise für Bio-Lebensmittel bestätigen. (Nieberg, Sanders, & Offermann, 2010)

6.1.3 Warum sind Bio-Lebensmittel teurer als konventionelle Lebensmittel?

Da ökologische Betriebe bestimmte Anbaurichtlinien für den Landbau sowie Produktionsrichtlinien für die Tierhaltung einhalten müssen, ergeben sich im Vergleich zu konventionellen Lebensmitteln generell höhere Produktionskosten. (BÖLW; I, 2012) Durch die hohen Anforderungen an die Öko-Produktion steigt auch der Arbeitskräftebedarf, der im Durchschnitt zehn bis zwanzig Prozent höher liegt als bei konventioneller Produktion. Bei der Pflanzenproduktion entstehen Teilweise höhere Kosten durch den Einsatz von biologischen Pflanzenschutzmitteln (siehe Kapitel 6.3.1.1-2), den Anbau von nicht-marktfähigen Zwischenfrüchten und durch die generell niedrigeren Erträge, die bis zu 40 Prozent niedriger liegen im Vergleich zur konventionellen Landwirtschaft, in Abhängigkeit der regionalen Charakteristika und der verwendeten Kultur. Zudem ist ökologisch erzeugtes Saatgut um ein Vielfaches teurer als konventionelles oder gentechnisch verändertes Saatgut. Bei der ökologischen Tierhaltung entstehen höhere Produktionskosten durch eine tiergerechte und umweltschonende Tierhaltung. (Engler, Häring, & Nieberg, 2010)

Die Herstellung von Bio-Lebensmitteln ist durch schonende technologische Verfahren und geringere Mengen an eingesetzten beziehungsweise gesetzlich erlaubten Zusatzstoffen kostenintensiver, da ein eingeschränkter Handlungsrahmen zum Teil mit aufwendigeren Verfahrensweisen einhergeht. Auch dem Bio-Handel entstehen höhere Kosten durch kleinere Marktstrukturen, in denen im Vergleich zu den großen Einzelhandelskonzernen kaum Synergieeffekte greifen. Zudem erfordert der Verkauf von Bio-Lebensmitteln einen intensiveren Service und eine fachliche Beratung der Kunden. (BÖLW; I, 2012) Auch die Zertifizierung und die jährlichen Kontrollen aller ökologischen Betriebe verursachen zusätzliche Kosten, die die Betriebe selbst zu tragen haben, wenn sie ihre Produkte als Bio-Lebensmittel kennzeichnen und dadurch den erhofften Mehrwert erhalten wollen. (Ökolandbau, II, 2012)

Aufgrund der erhöhten Kosten in Anbau, Herstellung, Produktion und Handel müssen Bio-Lebensmittel im Vergleich zu konventionellen Lebensmitteln höhere Absatzpreise erzielen, damit sich die Produktion rentiert. Die ökologischen und sozialen Folgekosten werden bei der Preisgestaltung von Bio-Lebensmitteln großenteils berücksichtigt. (Engler, Häring, & Nieberg, 2010); (BÖLW; I, 2012)

6.1.4 Regionale/Lokale Vermarktungsnetze für Bio-Lebensmittel

Durch den stetig wachsenden Markt für Bio-Lebensmittel kann die Nachfrage nicht mehr mit Produkten allein aus dem Inland gedeckt werden. Lange Transportwege wie zum Beispiel von Bio-Wein aus Südamerika verschlechtern die Ökobilanz durch die damit einhergehenden Emissionen und den Energieverbrauch der Verlade- und Transportfahrzeuge. Lange Transportwege verursachen aus betriebswirtschaftlicher Sicht zusätzliche Kosten. Die Verknüpfung von regional hergestellten Bio-Lebensmitteln mit einer regionalen Vermarktung ist bezüglich Nachhaltigkeit sinnvoll, nicht nur, um die Ökobilanz von Bio-Lebensmitteln zu optimieren, sondern auch, um regionale Öko-Betriebe zu fördern. Zudem kann die Vermeidung längerer Transportwege die Produktkosten senken. Um Bio-Lebensmittel aus Übersee auf dem europäischen Markt wettbewerbsfähig zu machen, werden die hohen Transportkosten zumeist durch niedrige Löhne ausgeglichen, die in Ländern der Dritten Welt üblich sind. Die dortigen Landwirte und Arbeitnehmer erhalten Löhne, die zum Teil unter dem Existenzminimum des jeweiligen Landes liegen. Bei landwirtschaftlichen Produkten beziehungsweise Bio-Lebensmitteln, die nicht ökologisch und ökonomisch sinnvoll in Deutschland produziert werden können wie Reis, Kaffee und Tee, sollte der Verbraucher im Sinne des Leitbildes der Nachhaltigkeit auf Produkte aus fairem Handel (siehe Kapitel 6.4.3) zurückgreifen. (GSF, I, 2012); (Kögl & Tietze, 2010)

Rund 90 Prozent aller konsumierten Lebensmittel (Bio- und konventionelle Lebensmittel) werden noch in Deutschland produziert. Durch kostensparende Synergieeffekte zeichnet sich im deutschen Agribusiness ein deutlicher Trend zur Konzentrierung und Zentralisierung ab. Die Folge ist ein Anstieg der Transporte im Inland. Ökologische Betriebe sollten über ein dezentrales Netzwerk in Deutschland verfügen, um Energie und Emissionen einzusparen und so im Sinne der Nachhaltigkeit zu handeln. (Herde, 2005)

6.1.5 Gute ökologische Herstellungspraxis

Die Erwartungen der Verbraucher an Bio-Lebensmittel sind vielfältig: Bio-Lebensmittel sollen einen besseren Geschmack haben, gesund, produktions-, transport- und verpackungsfreundlich, energiesparend sein, minimale Rückstände von Chemikalien aufweisen und das Produkt sollte außerdem tierfreundlich hergestellt sein. All diese Verbraucherpermissen setzen ein großes Vertrauen zwischen den Bio-Betrieben und den Konsumenten voraus. (Beck & Kretzschmar, 2010) Um dieses Vertrauen zu bestärken, bestehen die Prinzipien der ökologischen Lebensmittelverarbeitung (siehe Kapitel 2.6) und eine *„gute ökologische Herstellungspraxis (GÖH)"*. Die Implementierung einer GÖH in einen Betrieb sorgt für Sicherheit, Transparenz und Qualität eines Bio-Lebensmittels. Das Vertrauen der Verbraucher in ein Bioprodukt ist eine wichtige Voraussetzung für dessen Erfolg. Die GÖH ist ein ganzheitliches Konzept und muss somit im gesamten Unternehmen von der Administrative über die Lieferanten, Produktion, Auslieferung und Verwaltung implementiert werden. Dabei müssen gesetzliche Vorgaben, privatrechtliche Vereinbarungen sowie Verbraucherversprechen eingehalten werden. Ziele der GÖH sind die Herstellung hochwertiger Bio-Lebensmittel, Transparenz, Rückverfolgbarkeit der Produkte, nachvollziehbare Herstellungspraktiken, Minimierung von Produktionsfehlern, Schutz vor Betrug sowie eine verbraucherfreundliche Informationsgestaltung. (Beck, 2010)

6.2 Gesundheitliche Dimension

Nie zuvor in der deutschen Geschichte gab es so viele Möglichkeiten, einen gesunden und nachhaltigen Ernährungsstil zu verwirklichen. Die Auswahl der Lebensmittel ist vielseitig und oft sind diese auch von guter Qualität. Trotzdem sind ernährungsbedingte Krankheiten wie Diabetes mellitus, Stuhlverstopfung, Karies, Gallensteine, Übergewicht, Herz-Kreislauf-Probleme und Gicht in der Bevölkerung weit verbreitet. (Koerber & Kretschmer, 2006) Viele Verbraucher konsumieren Bio-Lebensmittel in der Annahme, diese seien gesünder als konventionelle Lebensmittel (Koerber & Kretschmer, 2006). Ob dies wirklich so ist, wird nachfolgend in der gesundheitlichen Dimension recherchiert.

6.2.1 Ernährungsphysiologische Qualität von Bio-Lebensmitteln

Ernährungsphysiologische Qualitätsunterschiede von Bio-Lebensmitteln und konventionellen Lebensmitteln können zurzeit noch nicht vollständig objektiv bewertet werden, da sich die Wissenschaft in diesem Bereich erst in den Anfängen befindet. Viele bereits durchgeführte Studien geben keinen eindeutigen Hinweis darauf, dass Bio-Lebensmittel per se eine bessere ernährungsphysiologische Qualität haben. Tendenziell hat Bio-Obst und -Gemüse einen erhöhten Anteil an bioaktiven Stoffen wie sekundäre Pflanzenstoffe, denen eine gesundheitsfördernde und antioxidative Wirkung zum Beispiel in der Krebsprävention nachgesagt wird. Dies ist jedoch bisher wissenschaftlich nicht eindeutig bewiesen. Der Vitamingehalt ist bei Bio-Lebensmitteln ebenfalls im Allgemeinen nicht höher. Nur bei der Ascorbinsäure (Vitamin C) konnten erhöhte Werte in Bio-Obst und -Gemüse festgestellt werden. Bei Kopfsalat, Spinat, Blattgemüse und Kohl war der Ascorbinsäuregehalt beispielsweise deutlich erhöht. In ökologisch erzeugten tierischen Produkten ist ein höherer Gehalt an Omega-3-Fettsäuren gemessen worden, was mit der Grünfutterzugabe im ökologischen Landbau zu erklären ist. (Dietz, 2002); (GSF, I, 2012); (Pabst, 2003)

Auch die Stiftung Warentest zieht eine ähnliche Bilanz. In einer aktuellen Studie wertete sie 85 Lebensmitteltests aus, die seit 2002 durchgeführt wurden, und kommt – anders als viele Öko-Anbauverbände suggerieren – zu dem Ergebnis, dass Bio-Lebensmittel keine bessere ernährungsphysiologische Qualität haben. Zumeist erzielen beide Arten von Lebensmitteln in den verschiedensten Tests die gleichen Ergebnisse. (Stiftung Warentest, 2010) Auch in der Literaturstudie 05/1995 vom Bundesinstitut für gesundheitlichen Verbraucherschutz und Veterinärmedizin konnten in den chemisch-pysikalischen Analysen ebenfalls keine wesentlichen Unterschiede in der ernährungsphysiologischen Qualität zwischen Bio-Lebensmitteln und konventionellen Lebensmitteln festgestellt werden. (Woesse, Lange, Boess, & Bögl, 1995)

Der Verzehr von Bio-Lebensmitteln bringt somit im Vergleich zu konventionellen Lebensmitteln keine nennenswerten ernährungsphysiologischen Vorteile. Der erhöhte Vitamin-C-Gehalt ist vor dem Hintergrund, dass die Bevölkerung in Industrieländern ohnehin mehr als ausreichend mit Vitamin C versorgt ist, ernährungsphysiologisch nicht relevant. Auch der erhöhte Gehalt an sekundären Pflanzenstoffen wie zum Beispiel Polyphenolen in Bio-Obst und -Gemüse, ist nicht überzubewerten, da die Forschung den konkreten menschlichen Bedarf an diesen Stoffen noch nicht kennt und somit auch keine Zufuhrempfehlungen existieren. (Dietz, 2002)

6.2.2 Nitratgehalt

Die Weltgesundheitsorganisation (WHO) empfiehlt aus gesundheitlichen Gründen eine Begrenzung der Nitrataufnahme. Es sollten täglich nicht mehr als 3,65 Milligramm Nitrat pro Kilogramm Körpergewicht aufgenommen werden. (Mayer-Miebach, 2010) Hohe Nitratgehalte gefährden die Gesundheit des Menschen, weil Nitrat bei unsachgemäßer Verarbeitung, Lagerung oder Zubereitung durch mikrobielle Stoffwechselprozesse zu Nitrit umgewandelt wird, das toxisch wirkt und sich mit sekundären Aminen zu den höchst kanzerogenen Nitrosaminen umbilden kann. (Weber, 2010)

Konventionell angebautes Gemüse, vor allem Wurzel-, Blatt- und Knollengemüse sowie Kartoffeln, weist in der Regel einen deutlich höheren Nitratgehalt auf als ökologisch angebautes. (Woesse, Lange, Boess, & Bögl, 1995); (Mayer-Miebach, 2010) Besonders Salate, Rote Beete und Radieschen können Nitrat in hohen Mengen speichern, wenn sie unter Stickstoffeinsatz von über 80 Kilogramm pro Hektar angebaut werden. Zudem ist der Nitratgehalt von Treibhausgemüse zumeist höher als im Freilandanbau. Bei konventionell intensiv genutzten Anbauflächen wurden in der unmittelbaren Umgebung im Trinkwasser Nitratgehalte von 150 bis 300 Milligramm pro Liter gemessen. Der Grenzwert für Trinkwasser beträgt jedoch 50 Milligramm pro Liter. (Weber, 2010)

6.2.3 Mykotoxingehalt

Schimmelpilze bilden sekundäre Stoffwechselprodukte, sogenannte Mykotoxine, die bereits in kleinen Mengen auf den Menschen toxisch wirken. (Weber, 2010) Da Schimmelpilze Getreide befallen, bei der Produktion von Bio-Getreide jedoch keine synthetischen Fungizide eingesetzt werden dürfen, liegt der Verdacht nahe, dass es vermehrt zu Mykotoxinkontaminationen wie zum Beispiel durch Mutterkornalkaloide kommt. Diese Annahme konnte jedoch durch Untersuchungen widerlegt werden.

(Mayer-Miebach, 2010) Im Ökomonitoring des Landes Baden-Württemberg aus dem Jahre 2011 wurden Roggenvollkorn- und Roggenmischbrote auf das Vorkommen von Mutterkornalkaloiden, kurz Mutterkorn, untersucht. Dabei wurde festgestellt, dass zwei von drei Proben aus konventioneller Produktion mit Mutterkornalkaloiden belastet waren. Aus kontrolliert ökologischer Produktion war jede zweite Probe belastet. Das Ergebnis des Monitorings fordert also Landwirte und Mühlenbetreiber beider Herstellungspraktiken gleichermaßen dazu auf, Mutterkornalkaloide durch geeignete Reinigungsverfahren, Sortenauswahl und Anbaumethoden weiter zu minimieren. (Thielert, 2011)

6.2.4 Pflanzenschutzmittelrückstände in Lebensmitteln

Pflanzenschutzmittel werden generell in drei Hauptgruppen unterteilt: *Fungizide* (Schutz der Pflanzen vor Pilzkrankheiten), *Herbizide* (Einsatz vorwiegend im konventionellen Ackerbau) und *Insektizide* (Verhinderung von Schäden durch Insekten). Rückstände von Pflanzenschutzmitteln in landwirtschaftlichen Produkten stammen in der Regel aus Pflanzenschutzmaßnahmen oder aus Rückständen im Boden zurückliegender Maßnahmen. Pflanzenschutzmittel gelangen über den Boden in das Grundwasser und somit auch in die Seen, Meere und Flüsse, wo sie dann von Fischen oder Weidetieren an Land aufgenommen werden. Somit gelangen sie sowohl durch ökologische und als auch konventionelle Fisch- und Tierzucht in die Nahrungskette des Menschen. Aus dem Trinkwasser können Pflanzenschutzmittel nur durch aufwendige und kostenintensive Methoden wieder entfernt werden. (Frede, 2006)

Tendenziell weisen Erzeugnisse aus ökologischem Anbau nur einen sehr geringen Anteil an chemisch-synthetischen Pflanzenschutzmitteln auf. Dies liegt daran, dass bei dieser Anbauweise keine chemisch-synthetischen Pflanzenschutzmittel, sondern weitestgehend natürliche Stoffe oder Nützlinge verwendet werden. Zu Kontaminationen kann es im ökologischen Landbau dennoch kommen, wenn zum Beispiel ein benachbarter Landwirt den Boden und somit das Grundwasser verunreinigt oder sich die chemischen Pflanzenschutzmittel mit der Luft verbreiten. (Pabst, 2003) Jedoch liegen die Gehalte an Pflanzenschutzmittelrückständen beim konventionellen Landbau nach einer Literaturstudie aus dem Jahre 1995 vom Bundesministerium für gesundheitlichen Verbraucherschutz und Veterinärmedizin nahezu ausschließlich unter den gesetzlich geregelten Höchstmengen und gelten somit als gesundheitlich unbedenklich. (Woesse, Lange, Boess, & Bögl, 1995)

Aktuellere Untersuchungen der Stiftung Warentest bestätigen ebenfalls, dass Bio-Obst, Bio-Gemüse und Bio-Tee zumeist frei von Pestiziden oder anderen Schadstoffen sind (siehe Abbildung 6). Nach den Ergebnissen lagen 91 Prozent der untersuchten konventionellen Lebensmittel unter den gesetzlichen Höchstmengen[3]. Nur bei der Einstufung „Hoch" (s. Abbildung 6) entsprach der jeweilige Pestizidgehalt dem gesetzlichen Höchstwert oder lag darüber. Selbst geringe Überschreitungen der Höchstmengen mit den rund 400 in Europa zugelassenen Pestiziden stellen nach wissenschaftlicher Einschätzung noch kein gesundheitliches Risiko für den Menschen dar. Gesundheitliche Risiken entstehen erst, wenn die Höchstgehalte dauerhaft und massiv überschritten werden. (Stiftung Warentest, 2010) Abbildung 6: *nicht nachweisbar*: keine Pestizide gefunden, *sehr gering belastet*: der Wert für Pestizide lag unter 10 Prozent der gesetzlich erlaubten Höchstmengen, *gering belastet*: der Wert für Pestizide lag zwischen 10 und 50 Prozent des Höchstgehaltes, *deutlich belastet:* der Wert für Pestizide lag über 50 Prozent, *hoch belastet:* Pestizidgehalt entspricht dem gesetzlichen Höchstwert oder darüber. (Stiftung Warentest, 2010)

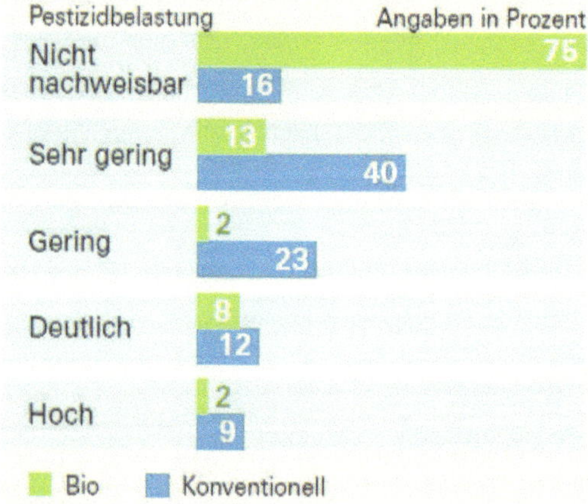

Abbildung 6: Pestizidbelastung von biologisch und konventionell angebautem Gemüse, Obst und Tee **(Stiftung Warentest, 2010)**

Ein vom Bundesamt für Verbraucherschutz und Lebensmittelsicherheit durchgeführtes Lebensmittel-Monitoring zeigt, dass mehr als zehn Prozent der untersuchten Proben von konventionell erzeugten Küchenkräutern, Orangen und Pfirsichen die

[3] **Gesetzliche Höchstmengen an Pestiziden:** bei Lebens- und Futtermitteln 0,01 Milligramm pro Kilogramm. Gilt als Standardhöchstwert, wenn für ein spezifisches Erzeugnis kein spezifischer Rückstandshöchstgehalt festgesetzt ist. **(Amtsblatt der Europäischen Union, 2007)**

gesetzlich geregelte Höchstmenge an Rückständen von Pflanzenschutzmitteln überschreiten. (GSF, I, 2012) Auch im Ökomonitoring im Jahre 2011 des Landes Baden-Württemberg konnte festgestellt werden, dass die Unterschiede von Rückstandsgehalten an Pestiziden in Bio-Lebensmitteln im Vergleich zu konventionellen Lebensmitteln signifikant sind. Bei den untersuchten Bio-Obstproben lag der mittlere Pestizidgehalt bei 0,002 Milligramm pro Kilogramm, dagegen bei den konventionellen Obstproben im Mittel bei 0,34 Milligramm pro Kilogramm, eine 170-fach höhere Konzentration als bei Bio-Obst. Bei Bio-Gemüse lag der Wert im Mittel bei 0,005 Milligramm pro Kilogramm, konventionelles Gemüse enthielt dagegen im Mittel 0,22 Milligramm Pflanzenschutzmittelrückstände pro Kilogramm. (Wieland & Scherbaum, 2011)

Im Ökomonitoring des Landes Baden-Württemberg im Jahre 2011 konnte kein Unterschied in Pestizidgehalt und organischen Kontaminanten für Lachse zwischen Aquakulturen biologischer und konventioneller Züchtung festgestellt werden. Von den insgesamt 44 Proben aus Norwegen, Irland, England, Dänemark und Chile waren 18 Proben ökologischer und 26 Proben konventioneller Herkunft. Lediglich in drei Lachsproben fand man nennenswerte Konzentrationen von Cypermethrin, ein synthetisches Insektizid aus der Gruppe der Pyrethroide. (Kypke & Trajkovska, 2011)

6.2.5 Mikrobiologische Qualität von Fleischerzeugnissen

Bei der mikrobiologischen Qualität von Brüh- und Rohwürsten gibt es laut Lebensmittel-Monitoring des Landes Baden-Württemberg keine signifikanten Unterschiede zwischen ökologisch erzeugten und konventionellen Produkten. Alle Proben waren frei von Pseudomonaden, Bacillus cereus, Salmonellen, E. coli, Hefen und Schimmelpilzen. Nur bei den Laktobazillen konnte ein Unterschied festgestellt werden: Konventionelle Brühwürste wiesen 45 Prozent und Bio-Brühwürste 63 Prozent nachweisbare Belastung mit Laktobazillen auf. Bei neun Bio-Brühwürsten und einer konventionellen lag der gemessene Anteil von Laktobazillen über dem Richtwert. Der Richtwert für die Anzahl an Laktobazillen beträgt 5 mal 10^6 koloniebildende Einheiten pro Gramm nach Der von der Deutschen Gesellschaft für Hygiene und Mikrobiologie (DGHM). (Otto-Kuhm, 2011)

Bei Bio-Fleischerzeugnissen kann es durch den breiten Verzicht auf Konservierungsmittel zu diversen hygienischen Risiken kommen. Jedoch ist durch den Verzicht auf Nitritpökelsalz während der Verarbeitung die Bildung der kanzerogenen Nitrosamine nahezu ausgeschlossen. Die Bildung von toxischen Cholesteroloxiden ist dennoch vermehrt zu beobachten. (Pabst, 2003)

6.2.6 Rückstände von Tierarzneimitteln

Der Trend zur kostengünstigen Massentierhaltung in der konventionellen Produktion begünstigt die Zunahme von Tierkrankheiten, sodass verstärkt Tierarzneimittel eingesetzt werden müssen. Reste von Tierarzneimitteln oder auch deren Metabolite (Abbauprodukte) können im Tierkörper verweilen. Jedes medikamentös behandelte Tier muss daher gesetzlich geregelte Wartezeiten einhalten, um zu gewährleisten, dass ein Großteil der Arzneimittel abgebaut ist, bevor das Tier geschlachtet wird. Die gesetzlich geregelten Wartezeiten variieren je nach Tierart und eingesetztem Medikament. Jedoch können kleine Restmengen in tierischen Lebensmitteln wie Milch, Fleisch, Eiern und Honig nicht immer vermieden werden. Somit gelangen Reste von Tierarzneimitteln über die Nahrung in den Körper des Menschen. (Bayerisches Landesamt für Gesundheit und Lebensmittelsicherheit, 2012)

Besonders gefährlich ist der regelmäßige Einsatz von Antibiotika in der Massentierhaltung. Werden Antibiotika, die den Tieren bei bakteriellen Infektionen mit Salmonellen und Listerien verabreicht werden, unsachgemäß eingesetzt, können sich Bakterienstämme entwickeln, die gegen die verabreichten Antibiotika resistent sind. Diese antibiotikaresistenten Bakterien sind nur sehr schwer behandelbar. Zudem ist wissenschaftlich bewiesen, dass Resistenzgene aus der Tiermast auf Infektionserreger übertragen werden können, die auch den Menschen befallen. Somit sollte der Einsatz von Antibiotika nur bei akuten Erkrankungen und nicht präventiv erfolgen. (Bayerisches Landesamt für Gesundheit und Lebensmittelsicherheit, 2012)

Laut einer vom nordrhein-westfälischen Umwelt- und Landwirtschaftsministerium in Auftrag gegebenen Studie über den Medikamenteneinsatz in der Hähnchenmast wurden insgesamt 96,4 Prozent aller Tiere mit Antibiotika behandelt. Bei 53 Prozent der Tiere betrug der Anwendungszeitraum von Antibiotika nur ein bis zwei Tage. Dies lässt darauf schließen, dass die Mittel nicht für therapeutische Zwecke eingesetzt werden, denn Tiermediziner veranschlagen eine Behandlungszeit von mindestens sieben Tagen. Vielmehr werden Antibiotika, vor allem in der

Massentierzucht, als präventives Tierarzneimittel und als wachstumsförderndes Mittel eingesetzt. (Bündnis 90 die Grünen, 2011)

Der willkürliche Einsatz von Antibiotika ist mit dem Leitbild für Nachhaltigkeit unvereinbar, da dadurch in unverantwortlicher Art und Weise die Resistenzbildung von Bakterien gefördert wird. Dies schlägt sich massiv auf die gesundheitliche Dimension nieder, denn Erkrankungen, die durch antibiotikaresistente Keime ausgelöst werden, sind für den Menschen äußerst gefährlich und nur sehr schwer behandelbar. Nach dem Statusbericht 2003 der Senatsarbeitsgruppe „Qualitative Bewertung von Lebensmitteln aus ökologischer und konventioneller Produktion" lag die Anzahl der nachgewiesenen Tierarzneimittel und Masthilfsmittel bei den untersuchten Proben in ökologischen Betrieben und Schlachthöfen im Mittel unter einem Prozent. (Pabst, 2003)

6.3 Ökologische Dimension

Der ökologische Landbau und die ökologische Tierhaltung schonen nachweisbar Umwelt und Natur und entsprechen somit dem Leitbild für Nachhaltigkeit. In der ökologischen Dimension aus dem Modell der vier Dimensionen für nachhaltige Ernährung werden diese Vorteile gegenüber konventionellen Produktionsweisen für Lebensmittel nachfolgend näher erläutert.

6.3.1 Beispiele für nachhaltiges Handeln im ökologischen Landbau

Im Öko-Landbau wird fast ausschließlich nach dem Leitbild der Nachhaltigkeit auf einen vorbeugenden Pflanzenschutz gesetzt, um die pflanzeneigenen Abwehrstoffe oder natürliche Regulationsmechanismen zu stärken. Unter natürliche Regulationsmechanismen fällt der Einsatz beziehungsweise die Förderung von Nützlingen, eine standortgemäße Arten- und Sortenwahl, eine ausgeglichene Düngung nach dem Betriebskreislauf und eine zeitgerechte Bodenbearbeitung. Unkräutern wird mit einer ausgewogenen Fruchtfolge und einer sorgfältigen, vorwiegend mechanischen Bodenbearbeitung vorgebeugt. Der Einsatz von chemisch-synthetischen Pflanzenschutzmitteln ist untersagt. (Ökolandbau, I, 2012)

6.3.1.1 Viren als Pflanzenschutzmittel

Im ökologischen Landbau werden einige natürlich vorkommende Viren als nützliche Helfer im Pflanzenschutz oder zur Schädlingsbekämpfung eingesetzt. (Jehle & Eberle, 2010)

6.3.1.1.1 Baculoviren

Bei den sogenannten *Baculoviren* handelt es sich um gefährliche Krankheitserreger, die Insekten befallen, für den Menschen jedoch unbedenklich sind. Somit gelten Baculoviren aufgrund ihrer extremen Wirtsspezifität als eines der umweltfreundlichsten Pflanzenschutzmittel, sie werden vor allem gegen Schafinsekten in der Landwirtschaft eingesetzt. Da diese Viren jedoch nur gegen einzelne Schädlinge beziehungsweise Insektenarten eingesetzt werden können, stellt dies einen ökonomischen Nachteil für den Landwirt dar. Die Behandlung ist zumeist nur in Kombination mit anderen Methoden erfolgreich und ist folglich sehr kostenintensiv. (Jehle & Eberle, 2010)

Das Bundesamt für Verbraucherschutz und Lebensmittelsicherheit hat den Einsatz von Baculoviren und von überwiegend im konventionellen Landbau angewandten genetisch veränderten Baculoviren gemäß § 5 Absatz 1 GenTSV einer Risikobewertung unterzogen. Dabei wurde festgestellt, dass sowohl Baculoviren als auch genetisch veränderte Baculoviren von Humanzellen und tierischen Zellen aufgenommen werden. (BVL, I, 2007) Baculoviren können im Darm von Vögeln bis zu einen Monat verweilen und dabei biologisch aktiv bleiben, in tierischem Kot können sie sich verbreiten. (Schütte, 2001) Jedoch sind weder schädliche Auswirkungen auf Tiere, mit Ausnahme der Lepidoptera-Larve, oder auf den Menschen festgestellt worden, somit gelten Baculoviren nach dem Bundesamt für Verbraucherschutz und Lebensmittelsicherheit als Viren ohne Gefährdungspotenzial. (BVL, I, 2007) Tabelle 2 zeigt weitere Beispiele für Baculovirusprodukte mit dem jeweiligen Einsatzgebiet beziehungsweise der jeweils eingesetzten Kultur und den kommerziell gehandelten Produktnamen. Das Produkt Litovir (Spodoptera littoralis Salat), besonders geeignet für Tomaten und Kartoffeln, befindet sich noch im Registrierungsprozess. (Jehle & Eberle, 2010)

Tabelle 2: Beispiele für Baculovirusprodukte, die als Pflanzenschutzmittel in Europa zugelassen sind **(Jehle & Eberle, 2010)**

Wirt	Virus	Produkt	Kultur
Adoxophyes orana	GV	Capex	Apfel
Cydia pomonella	GV	Cyd-X, Carpovirusine, Granupom, Madex, MadexPlus, Virgo	Apfel, Birne
Helicoverpa armigera	NPV	Helicovex (im Registrierungsprozess)	Baumwolle, Tomate, Pfeffer, Tabak u. v. a.
Spodoptera exigua	NPV	Spod-X	Gemüse, Zierpflanzen
Spodoptera littoralis *Salat,*	NPV	Litovir (im Registrierungsprozess)	Tomate, Kartoffel u. v.a.

6.3.1.1.2 Apfelwicklergranulovirus (CpGV)

Im ökologischen Birnen- und Apfelanbau wird das Apfelwicklergranulovirus, *Cydia pomonella, Granulovirus (CpGV),* eingesetzt. Das Virus ist sehr effizient und gilt als das bedeutendste biologische Pflanzenschutzmittel bei der Bekämpfung von Obstmaden beziehungsweise Wickler-Arten auf Birnen- und Apfelplantagen. CpGV ist ein absolut selektives Pflanzenschutzmittel, es befällt gezielt den Apfelwickler und in höheren Dosen auch andere Wickler-Arten. Andere Organismen auf der Obstplantage werden durch CpGV nicht beeinträchtigt. Zurzeit wird das Apfelwicklergranulovirus auf über 100.000 Hektar Anbaufläche europaweit angewandt. (Jehle & Eberle, 2010); (Jehle, 2012)

6.3.1.2 Weitere biologische Pflanzenschutzmittel

Neben Viren werden noch viele andere biologische Insektizide in der ökologischen Landwirtschaft eingesetzt. Beispiel hierfür sind: Extrakte aus dem tropischen Neembaum, der für Insekten pathogene Stoff Bt-Toxin, der von dem Bakterium *Bacillus thuringiensis tenebrionis* produziert wird; das insektenpathogene Pyrethrum, das aus den Blüten von verschiedenen Tanacetum-Arten gewonnen wird und das hauptsächlich gegen Kartoffelkäfer eingesetzte Spinosad, das aus den Metaboliten

Spinosyn A und Spinosyn D des Bodenbakteriums *Saccharopolyspora spinosa* stammt. (Jehle & Eberle, 2010); (JKI, I, 2012)

Auch Nützlinge wie Marienkäfer, Schlupfwespen, Gallmücken, Flor- und Schwebfliegen, Raubmilben, räuberische Wanzen und insektenpathogene Pilze werden im ökologischen Landbau vermehrt eingesetzt, vor allem um andere in der Natur vorkommende Tiere zu schonen. Zudem hinterlassen die Nützlinge keine Rückstände an Gewächsen und es ist kein Mindestabstand zu Gewässern erforderlich. (JKI; II, 2012); (Bioland, I, 2012)

6.3.1.3 Bodenfruchtbarkeit und Düngung

Um den Boden im Sinne der Nachhaltigkeit für künftige Generationen als Produktionsgrundlage zu erhalten, müssen Landwirte stets auf die Bodenfruchtbarkeit achten. „Ein fruchtbarer Boden ist die Basis der Wirkungskette gesunder Boden – gesunde Pflanzen – gesunde Tiere – gesunde Menschen" (Ökolandbau, I, 2012). Damit der Boden fruchtbar bleibt, werden Zwischenfrüchte, Leguminosen (als Stickstofflieferanten) und Feldfutter angebaut, um den Boden wieder mit Nährstoffen anzureichern. (BLE, I, 2011). Zudem achtet der Bio-Landwirt auf die Interaktion von Humusgehalt, Krümelstruktur, Bodenlebewelt und die Wurzelvielfalt von Begleit- und Kulturpflanzen. (Wilbois, 2010)

Im ökologischen Landbau werden keine synthetisch-mineralischen Dünger eingesetzt, sondern lediglich natürlich vorkommende mineralische Dünger. Die Öko-Betriebe verwenden vorwiegend eigene organische Dünger, die bei ihnen als pflanzliche und tierische Abfallstoffe anfallen, um den Betriebskreislauf einzuhalten. (Ökolandbau, I, 2012)

6.3.1.4 Fruchtfolge und mechanische Unkrautregulierung

Unter dem Begriff Fruchtfolge wird in der ökologischen Landwirtschaft der regelmäßige Wechsel von verschiedenen Kulturpflanzen verstanden. Da die Kulturpflanzen unterschiedliche Ansprüche an den Boden haben, gilt es als zentrales Gestaltungselement den Boden durch die Wirkungen der Vorfrucht mit den Ansprüchen nachfolgend angebauter Pflanzen in Einklang zu bringen. Durch die

Planung der Fruchtfolge werden die Erträge auf natürliche Weise optimiert. (BLE, I, 2011); (Wilbois, 2010)

Die durchdachte Fruchtfolge in Verbindung mit einer schonenden Bodenbearbeitung soll dem massenhaften Auftreten von Unkräutern vorbeugen. Allerdings sind nicht alle Unkräuter für Kulturpflanzen schädlich, denn in bestimmten Unkrautarten leben Nützlinge und andere Tiere. Auch Schädlinge können bei einer kompletten Unkrautvernichtung auf die Kulturpflanze übergehen. In der ökologischen Landwirtschaft erfolgt deshalb eine gezielte mechanische Unkrautregulierung in der Regel mit Hacke, Striegel oder Bürsten. (Wilbois, 2010)

6.3.1.5 Biodiversität und Agrobiodiversität

Unter Biodiversität wird im Allgemeinen die Arten- und Biotopvielfalt verstanden. Agrobiodiversität ist die biologische Vielfalt der Landwirtschaft. Alle Pflanzen und Tiere, die in der Forst-, Fischerei- und Landwirtschaft genutzt oder potenziell verwendet werden können, zählen zur Agrobiodiversität. (Umweltistitut München, 2012). Nach dem Statusbericht 2003 vom Senat der Bundesforschungsanstalten sind auf Äckern, die nach ökologischem Landbau bewirtschaftet werden, häufiger gefährdete Pflanzenarten vor allem Wildkräuter anzutreffen. Auch im Dauergrünland wurde eine signifikant höhere Artenvielfalt festgestellt als bei konventionell genutztem Dauergrünland. Des Weiteren wurde festgestellt, dass sich der ökologische Landbau besonders gut auf die Population verschiedene Tiergruppen wie Tausendfüßer, Regenwürmer, Spinnen, Milben, Vögel, Laufkäfer und Wanzen auswirkt. (Pabst, 2003) Durch einen an die Natur angepassten Betriebskreislauf, eine Bevorzugung heimischer Tier- und Pflanzenarten sowie den Verzicht auf chemisch-synthetische Düngemittel und Pflanzengifte tragen Bio-Betriebe bis zu 300 Prozent zu einer besseren Biodiversität beziehungsweise Agrobiodiversität bei. (Umweltistitut München, 2012)

6.3.2 Ökologische/biologische Tierhaltung

Die ökologische/biologische Tierhaltung ist geprägt von Respekt und Achtung des Menschen gegenüber den Tieren und sie ist ein wichtiges Verbindungsglied des Betriebskreislaufes im ökologischen Landbau. Die Haltungspermissen richten sich nach der Tierart. Es dürfen zum Beispiel keine Hühner oder Ferkel in Käfigen gehalten werden, alle Tiere müssen Zugang zu einem freiliegenden Bereich haben. Die Ställe müssen von fester Struktur sein (keine Gitterroste oder Spaltböden), sodass die Verletzungsgefahr minimiert wird. (BLE, I, 2011) Weitere Permissen sind die Besatzdichte, die Bedingungen der Stallunterbringung (genügend Platz, Tageslicht und ausreichend Einstreu im Ruhebereich) und die Haltungspraktiken, die für jede Tierart unterschiedlich ausfallen (Amtsblatt der Europäischen Union, 2007).

Die Futtermittel werden bedarfsgerecht gewählt und stammen überwiegend aus eigener Produktion und enthalten weder Fütterungsantibiotika noch Leistungsförderer. (BLE, I, 2011) Treten dennoch Gesundheitsstörungen auf, werden vorrangig homöopathische Behandlungsmethoden und Naturheilverfahren angewendet. Falls diese Methoden nicht wirken, kann der Tierarzt auch auf herkömmliche Medikamente zurückgreifen. Eine flächenlose Tierhaltung ist untersagt. Somit können keine Nährstoffüberschüsse durch tierischen Dung entstehen, die das Grundwasser und die Umwelt belasten. (Wilbois, 2010)

6.3.3 Emissions-, Ressourcen- und Energieverbrauch

Die Landwirtschaft verbraucht circa zwei bis fünf Prozent der Gesamtenergie in Industrieländern. Beim Direktenergieverbrauch werden hauptsächlich Dieselkraftstoffe, Gas und Strom verbraucht um Boden-, Pflege- und Transportarbeiten zu verrichten. Der indirekte Energieverbrauch konzentriert sich auf die Vorproduktion. (Pabst, 2003) Bei der Vorproduktion konventioneller Lebensmittel werden vor allem im Pflanzenbau rund 40 Prozent der Gesamtenergie zur Herstellung von chemisch-synthetischen Pflanzenschutzmitteln eingesetzt. Diese Energie wird aufgrund des Verbotes von chemisch-synthetischen Pflanzenschutzmitteln in der ökologischen Landwirtschaft eingespart. Bei der konventionellen Tierhaltung verursacht die Futtermittelproduktion, die zumeist in den Entwicklungsländern stattfindet, hohe Emissionen durch die langen Transporte. Bio-Landwirte hingegen produzieren durch den geschlossenen Betriebskreislauf vorwiegend eigenes Futter. (Herde, 2005)

Die Umweltbelastung, die durch die Herstellung eines Lebensmittels verursacht wird, steigt im Allgemeinen mit dem Grad der Verarbeitung. Das heißt, je mehr Produktionsschritte ein Rohstoff benötigt, desto höher sind dabei die ausgestoßenen Emissionen und der Primärenergieverbrauch. (Herde, 2005) Um den Energieverbrauch bei der Herstellung von Bio-Lebensmitteln zu minimieren, wird auf die *„gute Ökologische Herstellungspraxis“* (siehe Kapitel 6.1.5) Bezug genommen. Des Weiteren beziehen Bio-Betriebe ihre Rohstoffe zumeist aus der Region, um Transportwege und somit auch Emissionen zu vermeiden. (Beck, 2010)

6.4 Soziale Dimension

Ökobetriebe wirken auf sozialer beziehungsweise gesellschaftlicher Ebene äußerst vielseitig. In dieser Dimension werden vor allem ethisch-gesellschaftliche Aspekte wie der Einsatz von Gentechnik, das Engagement für Menschen mit Beeinträchtigungen, faire Arbeitsbedingungen und der Einfluss der nationalen Politik näher recherchiert.

6.4.1 Einfluss der Politik auf die Bio-Wirtschaft

Die ökologische Landwirtschaft produziert nicht nur Bio-Lebensmittel, sie erbringt zudem wichtige Zusatzleistungen für die Gesellschaft. Die Pflege von Kultur- und Erholungslandschaften oder die Schonung von Ressourcen durch neue Technologien sind sehr kostenintensive Maßnahmen. Die Öko-Branche ist eine junge und innovative Branche, die mit Struktur- und Kostennachteilen gegenüber der konventionellen Lebensmittelwirtschaft zu kämpfen hat. Um Bio-Lebensmittel trotzdem markt- beziehungsweise konkurrenzfähig zu halten, werden Bio-Betriebe mit öffentlichen Finanzmitteln unterstützt. (BÖLW, II, 2012) Dies geschieht auf Länder- und Bundesebene in der Regel im Verhältnis von 40 zu 60. Die nationale Rechtsgrundlage für die Förderung ist das Gesetz "Gemeinschaftsaufgabe Verbesserung der Agrarstruktur und des Küstenschutzes" (GAK). Im Jahr 2009 wurden Bio-Lebensmittel mit insgesamt rund 137 Millionen Euro aus öffentlichen Finanzmitteln gefördert. Die Bundesregierung verfolgt das Ziel den Anteil des ökologischen Landbaus von sechs Prozent im Jahre 2006 auf rund zwanzig Prozent Anbaufläche zu erhöhen. Bio-Betriebe beziehungsweise Programme können auch durch die Europäische Union kofinanziert werden (BMELV, VIII, 2012)

Das Bundesministerium für Ernährung, Landwirtschaft und Verbraucherschutz (BMELV) unterstützt Bio-Betriebe im Agribusiness unter anderem durch das *Bundesprogramm ökologischer Landbau und andere Formen nachhaltiger Landwirtschaft (BÖLN)*. Das jährliche Budget umfasst voraussichtlich bis Ende 2015 sechzehn Millionen Euro. Die geförderten Bereiche sind Information, Aufklärung, Förderung von Forschungs- und Entwicklungsvorhaben sowie Maßnahmen zum Technologie- und Wissenstransfer für eine nachhaltige Erzeugung sowie die Verarbeitung und Vermarktung von ökologischen landwirtschaftlichen Erzeugnissen. (BÖLN, 2012)

6.4.2 Genetisch veränderte Organismen (GVO)

Um genetisch veränderte Organismen zu erhalten, wird genetisches Material, die Desoxyribonukleinsäure (DNA), mithilfe der *Gentechnik* beziehungsweise *DNA-Rekombinationstechnik* insoweit verändert, wie es in der Natur durch natürliche Rekombination oder Kreuzungen nicht möglich wäre: Einzelne Gene werden aus bestimmten Organismen isoliert und auf andere – auch nicht verwandte – Organismen übertragen. Ziel der Gentechnik ist die Entwicklung neuer Organismen, die resistent sind gegen Krankheiten oder andere widrige Umwelteinflüsse. So werden bestimmte kälteresistente Lachsorten gezüchtet oder der Reifeprozess von Früchten durch ein bestimmtes Gen verlangsamt um deren Qualität zu erhöhen. In der Landwirtschaft werden GVO zurzeit insbesondere bei Baumwolle, Sojabohnen, Mais und Ölraps eingesetzt. Die genetechnisch veränderten Pflanzensorten sind gegen bestimmte Schädlinge und/oder Herbizide völlig unempfindlich. Dank dieser Resistenzen müssen im GVO-Landbau weniger Pflanzenschutzmittel eingesetzt werden, was den Landwirten Kosten erspart. Zudem werden mit GVO-Pflanzen oft bessere Ernteerträge erzielt als mit herkömmlichen. (BMELV, VI, 2012)

In der Bevölkerung wird der Einsatz von genetisch veränderten Organismen äußerst kontrovers diskutiert. Befürworter behaupten, dass die GVO eine Technologie sei, die die Lebensbedingungen in der Welt verbessern wird. Die GVO kann zum Beispiel durch eine effizientere Landwirtschaft dazu beitragen den Welthunger zu bekämpfen oder lokale Ernährungskrisen zu besiegen. Dennoch existieren kaum Langzeit-studien zum Einsatz von GVO und deren Wirkung auf den Menschen. (Herde, 2005) Einer Umfrage der Gesellschaft für Sozialforschung und statistische Analysen mbH (Forsa) zufolge fühlen sich 68 Prozent der deutschen Bürger weniger gut oder schlecht über GVO informiert. 82 Prozent der Bundesbürger erachten eine Positiv-Kennzeichnung „ohne Gentechnik" auf Lebensmittelverpackungen für sinnvoll. (Forsa, 2011) GVO in Lebensmitteln stoßen bei der Bevölkerung auf eine breite

Ablehnung, somit dringt das Thema weit in die soziale Dimension der Nachhaltigkeit ein. Jedoch ist die Technologie der GVO so weitreichend und komplex, dass auch die ökologische-, ökonomische- und gesundheitliche Dimension im besonderen Maße erfasst werden. (Herde, 2005)

In der Europäischen Union dürfen GVO oder aus GVO gewonnene Lebensmittel nur auf den Markt gelangen, wenn diese Produkte ein wissenschaftlich gestütztes Zulassungsverfahren, in dem die Risiken für die Gesundheit und die Umwelt abgeschätzt werden, durchlaufen haben. (BMELV, VI, 2012) Die Zulassung erfolgt auf europäischer Ebene durch die Europäischen Behörden für Lebensmittelsicherheit (EFSA). Ist ein GVO-Produkt durch die EFSA als unbedenklich erklärt worden, kann die Europäische Kommission unter Beteiligung der EU-Mitgliedstaaten eine Zulassung erteilen. (BMELV, VII, 2012)

„Nach der EU-Öko-Verordnung dürfen GVO und aus oder durch GVO hergestellte Erzeugnisse nicht als Lebensmittel, Futtermittel, Verarbeitungshilfsstoff, Pflanzenschutzmittel, Düngemittel, Bodenverbesserer, Saatgut, vegetatives Vermehrungsmaterial, Mikroorganismus oder Tier in der ökologischen/biologischen Produktion verwendet werden." (BMELV, VII, 2012)

Öko-Landwirte und die Hersteller von Bio-Lebensmitteln sind angehalten, das Vorkommen von GVO in Bio-Produkten auf einem geringstmöglichen Maß zu halten. Verunreinigungen durch zugelassene GVO in Bio-Lebensmitteln sind bis zu einem Anteil von 0,9 Prozent erlaubt. Jedoch muss der Hersteller nachweisen, dass es sich um technisch unvermeidbare oder zufällig eingetragene GVO handelt. Die meisten Öko-Anbauverbände sind in Bezug zu GVO strenger und tolerieren keine GVO (0,0 Prozent) in Bio-Lebensmitteln. (BMELV, VII, 2012); (Amtsblatt der Europäischen Union, 2007)

Der Einsatz von GVO oder aus GVO hergestellten Produkten ist mit Bio-Produkten unvereinbar. Im ökologischen Landbau oder bei der Produktion von Bio-Lebensmitteln werden weltweit keine genetisch veränderten Organismen oder deren Folgeprodukte (Derivate) verwendet. (Nowack, 2010) Dies hat folgende Gründe:

1. *„Gentechnik ist mit den Prinzipien des Ökolandbaus nicht vereinbar*
2. *Die Gentechnik bietet keine nachhaltigen Lösungen*

3. *Gentechnik birgt viele, teilweise noch nicht abschätzbare Risiken"* (Nowack, 2010)

Der Öko-Landbau strebt einen geschlossenen Betriebskreislauf an, der auf einer ganzheitlichen und nachhaltigen Betrachtungsweise natürlicher Gegebenheiten und Zusammenhänge beruht. Bei der Tierzüchtung stehen die Achtung gegenüber dem Tier und dessen Gesundheit und artgerechte Haltung im Vordergrund. Die Gentechnik versucht durch gezielte Eingriffe in die Genetik der Tiere und Pflanzen die Natur einseitig zu beeinflussen. Der Anbau von wenigen hochgezüchteten Sorten widerspricht ökologisch und sozial dem Leitbild der Nachhaltigkeit. Die Risiken von GVO verteilen sich auf alle vier Dimensionen der nachhaltigen Ernährung und sind kaum abschätzbar. Bereits wissenschaftlich belegt sind ökologische Auswirkungen von GVO wie die Beeinträchtigung von Nicht-Zielorganismen (zum Beispiel Nützlinge und andere Bodenlebewesen), Resistenzentwicklungen von Unkräutern und Verwilderungen gentechnisch veränderter Pflanzen. Die gesundheitlichen Risiken für Tier und Mensch durch GVO sind noch nicht durch Langzeitstudien erfasst. GVO, die fremde Gene in ihrem Erbgut tragen, stehen im Verdacht, Allergien auszulösen. Die ökonomischen Risiken für die Landwirte sind ebenfalls beträchtlich. Durch die Monopolisierung der Saatgutindustrie, unterstützt durch Patente auf GVO, geraten die Landwirte zunehmend in die Abhängigkeit großer internationaler Konzerne. (Nowack, 2010)

Nach dem Ökomonitoring des Landes Baden-Württemberg im Jahre 2001 konnten in Bio-Lebensmitteln nur bei Sojabohnen Verunreinigungen von genetisch veränderten Pflanzen festgestellt werden. Der Verunreinigungsgrad durch genetechnisch veränderte Sojapflanzen war wesentlich geringer als bei konventionellen Lebensmitteln. (Waiblinger, 2011)

Die Gentechnik ist somit in den meisten Punkten unvereinbar mit den vier Dimensionen einer nachhaltigen Ernährungsweise. Landwirte und Hersteller von Bio-Lebensmitteln verzichten somit zu Recht auf den Einsatz von GVO in ihren Produkten. Bio-Lebensmittel leisten mit dem Verbot von GVO einen erheblichen Beitrag zur nachhaltigen Ernährungsweise.

6.4.3 Fairer Handel

Landwirte und Arbeiter werden in vielen Ländern dieser Welt oft nicht ausreichend für ihre Arbeit entlohnt oder für ihre Waren bezahlt. Die Preise für landwirtschaftliche Erzeugnisse werden auf dem Weltmarkt durch Angebot und Nachfrage bestimmt, je nach geografischer Lage, Qualität und dem Vorhandensein einer bestimmten Ware. Die Preise unterliegen starken Schwankungen und sind oftmals so niedrig, dass die Arbeiter und Landwirte kein menschenwürdiges Leben führen können. Mit Fairem Handel (Fair Trade) sollen die Lebens- und Arbeitsbedingungen von Landwirten und Arbeitnehmern in den Produktionsbetrieben vor allem in Ländern der Dritten Welt verbessert werden. (Frühschütz, 2010) Der weltweite Dachverband für Fairen Handel World Fair Trade Organization (WTFO) definiert den Fairen Handel wie folgt:

> *„Er ist eine Handelspartnerschaft, die eine nachhaltige Entwicklung für ausgeschlossene und benachteiligte Produzenten anstrebt. Er versucht das durch die Gewährung besserer Handelsbedingungen, durch Bewusstseinsbildung und Kampagnen."* (Frühschütz, 2010); (WTFO, 2012)

Fairer Handel stellt somit eine Alternative zum konventionellen internationalen Handel dar, indem er soziale Mindeststandards, wie Mindestlöhne, Verbot von Kinderarbeit, schriftliche Verträge, Preiszusagen und Gewerkschaftsfreiheit garantiert. Die ökologischen Standards verbieten den Einsatz von Gentechnik und die Rodung von Wäldern. Die ökologischen Permissen für die Landwirte entsprechen weitestgehend denen der Bio-Landwirtschaft in Europa. Im Fairen Handel liegt jedoch der Fokus klar auf dem sozialen und wirtschaftlichen Bereich. (Frühschütz, 2010)

Die wohl bedeutendste nicht-firmeneigene Organisation im fairen Handel ist Trans Fair mit einem eigenen Fairtrade-Logo (siehe Abbildung 7). (GSF, I, 2012) Dieses Fairtrade-Logo steht für die Armutsbekämpfung vor allem in Afrika und Südamerika sowie das Verbot von Kinder- und Zwangsarbeit. Durch faire und garantierte Absatzpreise für Lebensmittel sowie gerechte Handelsbeziehungen soll die jeweilige Binnenwirtschaft gestärkt werden und somit sollen langfristige Wirtschaftsstrukturen geschaffen werden. (Fairtrade Deutschland, 2012)

Ein Eigen-Siegel des Handels, ausschließlich für Bio-Produkte, ist das Hand-in-Hand-Siegel von Rapunzel Naturkost (siehe Abbildung 8). (GSF, I, 2012) Die Hand-in-Hand-Kriterien entsprechen den Anforderungen des SA 8000 der SAI (Social Accountability International) sowie den Leitlinien für Soziale Gerechtigkeit der IFOAM (International Federation of Organic Agricultural Movements) und den Arbeitsnormen der ILO (International Labour Organization). Rapunzel Naturkost garantiert den Produzenten von Bio-Lebensmitteln langfristige und direkte Lieferbeziehungen, faire Produktpreise, Absatzgarantien und die Kostenübernahme für die Zertifizierung und die Inspektionen. (Rapunzel Naturkost, 2012)

Abbildung 7: Fairtrade-Logo Deutschland von Trans Fair **(Fairtrade Deutschland, 2012)**

Abbildung 8: Hand-in-Hand-Logo **(Global Nature, 2012)**

Mit dem Erwerb von Fair-Trade-Produkten kann der Konsument in Deutschland dazu beitragen, stabile Wirtschaftsstrukturen in Ländern der Dritten Welt zu etablieren beziehungsweise zu stärken. Die Logos von Fairtrade Deutschland und Hand-in-Hand helfen den Konsumenten, eine entsprechende Auswahl zu treffen, wenn sie im Sinne einer nachhaltigen Ernährung handeln wollen. (Erdmann, Sohr, Behrendt, & Kreibich, 2003)

Bio-Lebensmittel sind nicht per se fair gehandelt. Jedoch tragen bereits rund 70 Prozent aller Fair-Trade-Produkte auch das Bio-Siegel, da sich beide Konzepte im Sinne des Leitbildes für Nachhaltigkeit perfekt ergänzen. Fair-Trade-Produkte entfalten ihre nachhaltige Wirkung in der sozialen und ökonomischen Dimension auf globaler Ebene. (Stiftung Warentest, 2007) Der Faire Handel gehört somit zu den bedeutendsten Stützpfeilern der nachhaltigen Ernährung und ergänzt Bio-Lebensmittel zusätzlich zum ökologischen noch um den sozialen Aspekt. (Herde, 2005)

6.4.4 Innovative Bio-Betriebe

Die Markt- und Wettbewerbsanforderungen im Lebensmittelsegment verändern sich rasant. Innovative Unternehmen sind solche Unternehmen, die Produkte, Leistungen und interne Prozesse mindestens genauso schnell anpasse wie es die Marktsituation erfordert. Im Segment Bio-Lebensmittel bedeutet Innovation nicht nur technische Neuerungen oder Entwicklungen zu schaffen. Der Verbraucher sollte sich zudem mit den nachhaltigen Nutzen und Eigenschaften eines Bio-Lebensmittels identifizieren. (Gottwald, 2010)

Bio-Betriebe zeichnen sich auch durch ihre innovativen Zusatzleistungen im sozialen und kulturellen Bereichen aus: Schulbauernhöfe, Bio-Kindergärten, Bio-Betriebe zur Therapie und Integration von psychisch Kranken und Behinderten und der Einbezug von älteren Menschen in den Betrieben. (Koerber & Kretschmer, 2006)

6.4.4.1 Schulbauernhöfe

Durch die Schulbauernhöfe soll das Bewusstsein für Bio-Lebensmittel und deren Entstehung, Verarbeitung und Vermarktung nachhaltig gestärkt werden. Kinder und Erwachsene erhalten auf einem Schulbauernhof die Möglichkeit, ihr Wissen über Ernährung, Landwirtschaft und Umwelt zu erlangen oder zu erweitern, Indem sie ökologische, soziale und wirtschaftliche Zusammenhänge erkennen und den Umgang mit Pflanzen, Tieren und anderen natürlichen Ressourcen erfahren können. Die Landwirtschaft soll dadurch als Teil der Umwelt, Wirtschaft und Gesellschaft wahrgenommen werden. Durch die Bildung auf dem Bauernhof und das Vorleben einer nachhaltigen Lebens- und Arbeitsweise sollen Werte in Bezug auf Nachhaltigkeit vermittelt und reflektiert werden. (Delling, 2011)

6.4.4.2 Soziale Landwirtschaft (Social Farming)

Die soziale Landwirtschaft versteht sich als eine Perspektive multifunktional verstandener Agrarwirtschaft. Es werden vorwiegend Menschen mit psychischen oder körperlichen Behinderungen, Langzeitarbeitslose, Menschen mit Migrationshintergrund, Drogenabhängige und ehemalige Straffällige in den Betrieben zum Zweck der Rehabilitation eingesetzt. Die klassischen Arbeitsfelder eines landwirtschaftlichen Betriebes werden in der sozialen Landwirtschaft durch therapeutische und pädagogische Arbeitsfelder erweitert. Zudem öffnen sich die Bauernhöfe für Schulen und Kindergärten beziehungsweise integrieren diese in den Betrieb. (SoFar, 2012)

Die soziale Landwirtschaft wurde durch das EU-Projekt SoFar (Social Farming – Soziale Leistungen multifunktionaler Höfe) im Zeitraum des Jahres 2006 bis 2008 getestet mit dem Ziel, Empfehlungen für die europäische Politik zu entwerfen. In Deutschland wurde die soziale Landwirtschaft speziell in Bio-Betrieben durch die europäische Akademie für Landschaftskultur (Petrarca) im Rahmen des Projektes *"Soziale Landwirtschaft auf Biobetrieben in Deutschland"* veranlasst. Im Rahmen des Bundesprogramms Ökologischer Landbau wird dieses Projekt vom BMELV aus Bundesmitteln finanziell gefördert. (DASoL, 2012); (Ökolandbau, III, 2012)

Die verschiedenen Projekte der sozialen Landwirtschaft haben gezeigt, dass biologisch bewirtschaftete Betriebe im besonderen Maße zur Rehabilitation der verschiedenen Menschengruppen beitragen (Van Elsen, Kalisch, & Jaenischen, 2012). Die biologische Wirtschaftsweise hat gegenüber der konventionellen Wirtschaftsweise folgende Vorteile:

- Höherer Anteil an Handarbeit
- Weniger Gefahrenquellen (zum Beispiel durch den Verzicht auf Pestizide)
- Mehr Initiativen der Beschäftigten durch ein erweitertes Angebotsspektrum
- Intrinsische Motivation der Beschäftigten (Van Elsen, Kalisch, & Jaenischen, 2012)

Die soziale Landwirtschaft auf Bio-Betrieben in Europa und Deutschland hat sich somit als ein zukunftsträchtiges Modell erwiesen.

7 Fazit

Im Rahmen der vorliegenden Arbeit wurde eingehend recherchiert, inwiefern Bio-Lebensmittel zu einer nachhaltigen Ernährung nach dem zweiten Grundsatz der Ernährungsökologie beitragen. Dafür musste zunächst geklärt werden, was Bio-Lebensmittel sind, wie sie zu erkennen sind und welche gesetzlichen Grundlagen für sie gelten. Anschließend folgte eine Einführung in das Konzept der Nachhaltigkeit und in die Ernährungsökologie. Anhand des Modells der vier Dimensionen (siehe

Kapitel 5) einer nachhaltigen Ernährung wurde im Hauptteil geprüft, ob und in welchem Umfang Bio-Lebensmittel zu einer nachhaltigen Ernährung beitragen.

Die gesetzlichen Vorgaben und die vorgeschriebenen Kontrollen in der Erzeugung von Bio-Lebensmitteln stellen ein wichtiges Fundament dar, auf das sich das Vertrauen der Verbraucher gründet. Seit dem Jahre 2001 sorgt zusätzlich das Deutsche Bio-Siegel und seit dem Jahre 2012 das neue EU-Bio-Logo für mehr Sicherheit und Transparenz in der gesamten Bio-Wirtschaft. Mit diesen Siegeln haben die Verbraucher Erkennungszeichen, die für garantierte Bio-Qualität stehen, denen sie vertrauen können und anhand derer sie ihr Konsumverhalten an ihre Bedürfnisse anpassen können. Ein erweitertes beziehungsweise detaillierteres Verbraucherangebot erfolgt durch die verschiedenen Öko-Anbauverbände und deren Firmeneigenen Bio-Siegel, die weitaus strengere Richtlinien haben als das Deutsche Bio-Siegel beziehungsweise das EU-Bio-Logo.

Durchschnittlich 23 Prozent mehr Geld müssen Konsumenten für Bio-Lebensmittel ausgeben als für konventionell erzeugte Lebensmittel. (Nieberg, Sanders, & Offermann, 2010) Die Gründe dafür sind vielseitig und dimensionsübergreifend. Um dem Leitbild der Nachhaltigkeit gerecht zu werden, müssen Bio-Betriebe zahlreiche Investitionen tätigen: Der Einsatz von Nützlingen oder speziellen Viren als Pflanzenschutzmittel, die Erhaltung der Bodenfruchtbarkeit und Biodiversität beziehungsweise Agrobiodiversität, die Einführung einer *„Guten Ökologischen Herstellungspraxis"* und die Sicherung von Arbeitsplätzen in strukturschwachen ländlichen Regionen. Dies sind Investitionen in die Zukunft, bei denen der Erhalt natürlicher Lebensgrundlagen im Vordergrund steht. Hierbei werden die externen Folgekosten im Sinne der Nachhaltigkeit für künftige Generationen berücksichtigt und zugleich minimiert. Käufer von Bio-Lebensmitteln unterstützen somit Betriebe, die soziale, ökologische und gesundheitliche Verantwortung übernehmen. Das bedeutet, dass Bio-Lebensmittel nicht zu teuer sind, sondern konventionelle Lebensmittel zumeist zu billig angeboten werden (Kretschmer & Koerber, 2001).

Die Annahme, Konsumenten von Bio-Lebensmitteln lebten per se gesünder, konnte durch die aufgeführten Studien widerlegt werden. Die ernährungsphysiologische Qualität von Bio-Lebensmitteln ist nur geringfügig besser. Bezüglich der gesundheitlichen Dimension positiv zu bewerten ist jedoch der Verzicht auf chemisch-synthetische Pflanzenschutzmittel in der ökologischen Landwirtschaft. Denn dadurch sind nicht nur in Bio-Lebensmitteln signifikant niedrigere chemisch-synthetische Pflanzenschutzmittelrückstände festzustellen, sondern auch im Boden sowie im Grund- und Trinkwasser ökologisch bewirtschafteter Flächen. Auch der maßvolle Umgang mit Tierarzneimitteln in der Tierhaltung ist ein positiver gesundheitlicher Aspekt. Allein die Gefahr, die von erhöhten Keimzahlbelastungen in Bio-Lebensmitteln ausgeht, ist als negativer Aspekt zu nennen.

In der ökologischen Dimension steht der Schutz der natürlichen Lebensgrundlagen im Vordergrund. Die Natur beziehungsweise die Umwelt steht bei den Bio-Betrieben im Zentrum der Aufmerksamkeit. Zukünftige Generation sollen ebenfalls fruchtbare Böden und eine entsprechende Arten- und Sortenvielfalt vorfinden. Zum Schutz der Natur nehmen die Bio-Betriebe niedrigere Ernteerträge und einen höheren Arbeitskräftebedarf in Kauf. Zudem investieren viele Unternehmen in zahlreiche neue ressourcen- und umweltschonende Technologien.

Risiken, die von Lebensmitteln ausgehen, die mithilfe genetisch veränderter Organismen (GVO) hergestellt wurden, sind noch nicht hinreichend erforscht und verteilen sich über alle vier Dimensionen der nachhaltigen Ernährung; sie stehen somit zwangsläufig im Widerspruch zum Leitbild der Nachhaltigkeit. Das Verbot des Einsatzes von GVO bei der Erzeugung beziehungsweise Produktion besteht somit aus ethischer, ökonomischer, gesundheitlicher und ökologischer Sichtweise zu Recht und stärkt den Gedanken der Nachhaltigkeit im Segment der Bio-Lebensmittel.

Viele Bio-Betriebe engagieren sich in der sozialen Dimension, das heißt im gesellschaftlichen Bereich, indem sie ihre Anbaumethoden und Produktionsabläufe transparent gestalten und die Verbraucher in die nachhaltigen Produktionsverfahren einbinden. Der grüne Bereich von Werkstätten für Menschen mit Beeinträchtigungen (Social Farming) stellt ein weiteres ausbaufähiges Zukunftsmodell dar. Auch der Handel betätigt sich aktiv im sozialen Bereich auf globaler Ebene mit fair gehandelten Lebensmitteln. Auch wenn der Faire Handel eine eigene Stellung innerhalb der sieben Grundsätze der Ernährungsökologie einnimmt, ist er dennoch ein wichtiger Eckpfeiler in der sozialen Dimension für Bio-Lebensmittel geworden. Bio-Lebensmittel werden durch das Fair-Trade-Konzept ergänzt, da dieses auf globaler Ebene greift, wo die EU-Gesetze nicht gelten.

Die verschiedenen Aspekte von Bio-Lebensmitteln fügen sich nahtlos in die vier Dimensionen einer nachhaltigen Ernährung ein. Die meisten Aspekte können jedoch nicht gesondert betrachtet werden, da sie – sowohl innerhalb einer Dimension als auch dimensionsübergreifend – miteinander vernetzt sind und sich deshalb auch nicht immer konkret einer Dimension zuordnen lassen.

Bio-Lebensmittel sind nicht nur ein Teil der sieben Grundsätze der Ernährungsökologie, sie vereinen vielmehr die Teilbereiche für Lebensmittel in sich. Sie sind bereits *regionale und saisonale Erzeugnisse* (dritter Grundsatz), *umweltverträglich verpackte Produkte* (fünfter Grundsatz) und *fair gehandelte Lebensmittel* (sechster Grundsatz), auch wenn bisweilen nur rund 70 Prozent der Bio-Lebensmittel fair gehandelt sind.

Auch wenn Bio-Lebensmittel unseren Bedarf an Lebensmitteln allein nicht decken können, geht von ihnen zumindest ein wichtiges Signal aus, nachhaltiges Handeln und Wirtschaften zu fördern und damit maßgeblich zu einer nachhaltigen Ernährung nach dem Modell der vier Dimensionen beizutragen.

8 Abbildungsverzeichnis

9 Tabellenverzeichnis

10 Literaturverzeichnis

Bauer, S. (2008). Leitbild der Nachhaltigen Entwicklung. (B. f. Bildung, Hrsg.) *Umweltpolitik, Nr. 287/2008*, S. 16-20.

Beck, A. (2010). Ökologische Herstellungspraxis. In D. S. Pfaff, & D. R.-R. Hoffmann (Hrsg.), *Praxishandbuch Bio-Lebensmittel.* Berlin: Behr´s Verlag.

Beck, A., & Kretzschmar, U. (2010). Prinzipien der ökologischen Lebensmittelverarbeitung. In D. S. Pfaff, & D. R.-R. Hoffmann (Hrsg.), *Praxishandbuch Bio-Lebensmittel.* Berlin: Behr´s Verlag.

Delling, H. (2011). Werte vermitteln- Bildung auf dem Bauernhof. In P. d. Konferenz (Hrsg.), *Wertvoll! Die Landwirtschaft- ein Ort für Bildung und soziale Arbeit* (S. 26-33). Kassel: University Press GmbH Kassel.

Engler, A., Häring, M., & Nieberg, H. (2010). Marktübersicht Deutschland. In D. S. Pfaff, & D. R.-R. Hoffmann (Hrsg.), *Praxishandbuch Bio-Lebensmittel.* Behr's Verlag.

Erdmann, L., Sohr, D., Behrendt, S., & Kreibich, P. (2003). *Nachhaltigkeit und Ernährung.* Berlin: Institut für Zukunftsstudien und Technologiebewertung.

Faltins, R. (2010). *Bio-Lebensmittel in Deutschland, Kaufbarrieren und Vermarktung.* Hamburg: Diplomica Verlag GmbH.

Finsterer, S. (2012). *Biosiegel, Anspruch und Wirklichkeit.* Berlin: Universitätsverlag der TU Berlin.

Frede, D. W. (2006). *Taschenbuch für Lebensmittelchemiker: Lebensmittel-Bedarfsgegenstände.* Hamburg: Springer Verlag.

Gottwald, F.-T. (2010). Innovative Öko-Unternehmen. In D. S. Pfaff, & D. R.-R. Hoffmann (Hrsg.), *Praxishandbuch Bio-Lebensmittel.* Berlin: Behr's Verlag.

Herde, A. (2005). *Kriterien für eine nachhaltige Ernährung auf Konsumentenebene.* TU Berlin. Berlin: ZTG (Zentrum Technik und Gesellschaft).

Hoffmann, I., Schneider, K., & Leitzmann, C. (2011). *Ernährungsökologie.* (C. Leitzmann, Hrsg.) München: Oekom.

Janze, D., Schmidt, D., & Theuvsen, P. (2011). *Agribusiness in Deutschland 2011.* Georg-August-Universität Göttingen. Göttingen: Ernst & Young.

Jehle, J., & Eberle, K. (2010). *Forschungst-Report Ernährung, Landwirtschaft, Verbraucherschutz; Schwerpunkt: Innovationen für den Ökolandbau.* Prof. Dr. Gerhard Rechkemmer; Dr. Georg Backhaus, Die Zeitschrift des Senats der Bundesforschungsinstitute. Darmstadt: Bundesministerium für Ernährung, Landwirtschaft und Verbraucherschutz.

Koerber, K., Männle, T., & Leitzmann, C. (2012). *Vollwert-Ernährung, Konzeption einer zeitgemäßen und nachhaltigen Ernährung* (Bd. 11. Auflage). Stuttgard: Karl F. Haug Verlag.

Koerber, K., & Kretschmer, J. (2006). Ernährung nach den vier Dimensionen. (M. M. KG, Hrsg.) *Ernährung & Medizin 2006; 21:178–185*, S. 178–185.

Kögl, H., & Tietze, J. (2010). *Regionale Erzeugung, Verarbeitung und Vermarktung von Lebensmitteln.* Universität Rostock. Rostock: Studie im Auftrag des Bundesministeriums für Landwirtschaft, Ernährung und Verbraucherschutz.

Mayer-Miebach, E. (2010). Qualität ökologischer Lebensmittel. In D. S. Pfaff, & D. R.-R. Hoffmann (Hrsg.), *Praxishandbuch Bio-Lebensmittel.* Behr's Verlag.

Meyer, P. (2012). Bio-Lebensmitten, Fragen und Antworten. S. S.6.

Neuerburg , W., & Padel, S. (1992). *Organisch-biologischer Landbau in der Praxis.* München: BLV Verlagsgesellschaft mbH.

Nieberg, H., Sanders, J., & Offermann, F. (2010). *Wirtschaftlicher Erfolg durch Ökolandbau.* Forschungsreport 02/2010, Bundesministerium für Verbraucherschutz, Ernährung, Landwirtschaft und Umweltschutz, Braunschweig.

Nowack, K. (2010). Qualitätsmanagement. In D. S. Pfaff, & D. R.-R. Hoffmann (Hrsg.), *Praxishandbuch Bio-Lebensmittel.* Behr´s Verlag.

Pabst, K. (2003). *Bewertung von Lebensmitteln verschiedener Produktionsverfahren.* Statusbericht 03. Senatsarbeitsgruppe „Qualitative Bewertung von Lebensmitteln aus alternativer und konventioneller Produktion".

Schmitz, P. D. (2010). *Bedeutung des AgriFoodBusiness am Standort Deutschland.* AgriFoodBusiness. Giessen: Verbindungsstelle Landwirtschaft-Industrie e.V.

Schönberger, G., & Brunner, K.-M. (2005). Nachhaltigkeit und Ernährung - Eine Einführung. In *Nachhaltigkeit und Ernährung* (S. 9-25). Heidelberg: Dr. Rainer Wild-Stiftung.

Schütte, G. (2001). *Transgene Nutzpflanzen: Sicherheitsforschung, Risikoabschätzung und Nachgenehmigungs Monitoring.* Hamburg: Birkhäuser Verlag.

Stiftung Warentest. (2007). *Bald Masse statt Klasse?* Berlin: Stiftung Warentest, test 05/2007, S. 24-26, in Bio-Lebensmittel, Ernäöhrung und Kosmetik.

Stiftung Warentest. (2010). *Der Bio-Check.* Berlin: Stiftung Warentest, test 6/2010.

Weber, H. (2010). *Mikrobiologie der Lebensmittel, Grundlagen* (Bd. 9. Auflage). Hamburg: Behrs Verlag.

Wilbois, K.-P. (2010). Ziele und Grundlagen des Ökolandbaus. In D. S. Pfaff, & D. R.-R. Hoffmann (Hrsg.), *Praxishandbuch Bio-Lebensmittel.* Berlin: Behr´s Verlag.

Wilhelm, R., & Kustermann, D. (2005). *"Nachhaltige Ernährung" in der Ernährungskommunikation ausgewählter Instutitionen.* TU München, Ernährungsökologie. München: BMBF Forschungsprojekt.

Woesse, K., Lange, D., Boess, C., & Bögl, K. (1995). *Ökologisch und konventionell erzeugte Lebensmittel im Vergleich.* Bundesinstitut gesundheitlichen Verbraucherschutz und Veterinärmedizin. bgvv Hefte.

11 Internetquellen

Amtsblatt der Europäischen Union. (2007). *VERORDNUNG (EG) Nr. 834/2007 DES RATES.* Abgerufen am 08. 08. 2012, um 19:32 Uhr von http://eur-lex.europa.eu/LexUriServ/LexUriServ.do?uri=OJ:L:2007:189:0001:0023:DE:PDF

Bayerisches Landesamt für Gesundheit und Lebensmittelsicherheit. (1. 02 2012). *Arzneimittelrückstände in Lebensmitteln.* Abgerufen am 23. 08. 2012, um 11:12 Uhr von http://www.lgl.bayern.de/lebensmittel/chemie/arzneimittelrueckstaende/arzneimittelrueckstaende_hintergrund.htm

biokonventionell. (01. 07 2012). *Dient „Bio" einer nachhaltigen Entwicklung und wenn ja, wie?* Abgerufen am 12. 08. 2012, um 10:36 Uhr von http://biokonventionell.wordpress.com/2012/07/01/dient-bio-einer-nachhaltigen-entwicklung-und-wenn-ja-wie/

Bioland, I. (2012). *Biotier "Nützling".* Abgerufen am 19. 08. 2012, um 13:12 Uhr von http://www.bioland.de/wissen/biotiere/nuetzling.html

BLE, I. (2011). *Bundesamt für Landwirtschaft und Ernährung.* Abgerufen am 11. 08. 2012, um 10:04 Uhr von Ökologischer Landbau und Bio-Lebensmittel, Grundlagen der ökologischen Landwirtschaft: http://www.oekolandbau.de/fileadmin/redaktion/oeko_lehrmittel/Allgemeinbildende_Schulen/Grundwissen/ewma01_01_2011.pdf

BLE, II. (2012). *Bundesamt für Landwirtschaft und Ernährung.* Abgerufen am 10. 08. 2012, um 10:22 Uhr von Kontrollen nach EU-Rechtsvorschriften für den ökologischen Landbau: http://www.bio-siegel.de/infos-fuer-zeichennutzer/kontrollen/

BLE, III. (31. 12 2011). *Bundesamt für Landwirtschaft und Ernährung.* Abgerufen am 12. 08. 2012, um 12:29 Uhr von Ökologischer Landbau in Deutschland, Aufschlüsselung der Gesamtzahl der Unternehmen nach Unternehmensformen: http://www.ble.de/SharedDocs/Downloads/04_Programme/01_Oekolandbau/ZahlenOekolandbau2011.pdf?__blob=publicationFile

BMELV, I. (2012). *Bundesministerium für Ernährung, Landwirtschaft und Verbraucherschutz, Pressemitteilung Nr. 193 vom 29.06.12.* Abgerufen am 10. 08. 2012, um 15:43 Uhr von EU-Bio-Logo ergänzt ab Juli verpflichtend das deutsche Bio-Siegel: http://www.bmelv.de/SharedDocs/Pressemitteilungen/2012/193-EU-Bio-Logo.html

BMELV, II. (29. 05 2012). *Pressemitteilung Nr. 150 vom 29.05.12.* Abgerufen am 12. 08. 2012, um 10:32 Uhr von Ökolandbau-Fläche in Deutschland steigt auf über 1 Million Hektar : http://www.bmelv.de/SharedDocs/Pressemitteilungen/2012/150-AI-Oekolandbau-Flaeche-in-Deutschland-steigt.html

BMELV, III. (15. 02 2012). *Pressemitteilung Nr. 50 vom 15.02.12.* Abgerufen am 12. 08. 2012, um 11:21 Uhr von Bioprodukte sind weltweit auf Wachstumskurs: http://www.bmelv.de/SharedDocs/Pressemitteilungen/2012/50-MUE-Bioprodukte-auf-Wachstumskurs.html

BMELV, IV. (2012). *Das staatliche Bio-Siegel.* Abgerufen am 20. 08. 2012, um 11:00 Uhr von Bundesministerium für Ernährung, Landwirtschaft und Verbraucherschutz: http://www.bmelv.de/SharedDocs/Standardartikel/Landwirtschaft/Oekolandbau/Bio-Siegel.html

BMELV, V. (2012). *Durchführungsverordnung (EG) Nr. 889/2008 der Kommission vom 5. September 2008.* Abgerufen am 23. 08. 2012, um 12:13 Uhr von Bundesministerium für Ernährung, Landwirtschaft und Verbraucherschutz: http://www.bmelv.de/SharedDocs/Downloads/Landwirtschaft/OekologischerLandbau/889_2008_EG_Durchf%C3%BChrungsbestimmungen.html

BMELV, VI. (2012). *Fragen und Antworten zu den GVO-Vorschriften der Europäischen Union.* Abgerufen am 26. 08. 2012, um 12:50 Uhr von Bundesministerium für Ernährung, Landwirtschaft und Verbraucherschutz: http://www.bmelv.de/SharedDocs/Downloads/Landwirtschaft/Pflanze/GrueneGentechnik/Fragenund%20AntwortenEUGVOVorschriften.pdf?__blob=publicationFile

BMELV, VII. (2012). *Gentechnik in Lebensmitteln.* Abgerufen am 26. 08. 2012, um 19:00 Uhr von Bundesministerium für Ernährung, Landwirtschaft und Verbraucherschutz: http://www.bmelv.de/SharedDocs/Standardartikel/Landwirtschaft/Pflanze/GrueneGentechnik/GentechnikLebensmittelnFragenUndAntworten.html

BMELV, VIII. (2012). *Förderung des ökologischen Landbaus.* Abgerufen am 31. 08. 2012, um 16:00 Uhr von Bundesministerium für Ernährung, Landwirtschaft und Verbraucherschutz: http://www.bmelv.de/SharedDocs/Standardartikel/Landwirtschaft/Oekolandbau/D-Foerderung.html

BÖLN. (2012). *Bundesprogramm Ökologischer Landbau und andere Formen nachhaltiger Landwirtschaft (BÖLN).* Abgerufen am 30. 08. 2012, um 10:14 Uhr von http://www.bundesprogramm-oekolandbau.de/

BÖLW, II. (2012). *26. Soll sich der Staat für die ökologische Lebensmittelwirtschaft engagieren.* Abgerufen am 31. 08. 2012, um 11:55 Uhr von Bund Ökologischer Lebensmittelwirtschaft (BOLW): http://www.boelw.de/biofrage_26.html

BÖLW; I. (2012). *Bund Ökologischer Lebensmittelwirtschaft.* Abgerufen am 18. 08. 2012, um 13:42 Uhr von Warum sind Öko-Lebensmittel so teuer?: http://www.boelw.de/biofrage_16.html

Bundesministeriums der Justiz. (07. 12. 2008). *Gesetz zur Durchführung der Rechtsakte der Europäischen Gemeinschaft oder der Europäischen Union auf dem Gebiet des ökologischen Landbaus (Öko-Landbaugesetz -ÖLG).* Abgerufen am 12. 08 2012, um 10:58 Uhr von http://www.gesetze-im-internet.de/bundesrecht/_lg_2009/gesamt.pdf

Bündnis 90 die Grünen. (16. 11 2011). *Antibiotika – der Treibstoff der Massentierhaltung.* Abgerufen am 23. 08. 2012, um 12:22 Uhr von http://www.gruene-bundestag.de/themen/agrar/antibiotika-der-treibstoff-der-massentierhaltung.html

BVL, I. (12 2007). *Bundesamt für Verbraucherschutz und Lebensmittelsicherheit.* Abgerufen am 17. 08. 2012, um 11:33 Uhr von Stellungnahme der ZKBS zur Risikobewertung gentechnisch veränderter Baculoviren gemäß § 5 Absatz 1 GenTSV: http://www.bvl.bund.de/SharedDocs/Downloads/06_Gentechnik/ZKBS/01_Allgemeine_Stellungnahmen_deutsch/09_Viren/Baculoviren.pdf?__blob=publicationFile&v=3

DASoL. (2012). *Soziale Landwirtschaft auf Biobetrieben in Deutschland.* Abgerufen am 30. 08. 2012, um 13:00 Uhr von Deutsche Arbeitsgemeinschaft Soziale Landwirtschaft (DASoL): http://www.soziale-landwirtschaft.de/index.php/boelnprojekt

Dietz, A. (2002). *Ernährungsphysiologische Qualität von ökologischen und konventionellen Erzeugnissen.* Abgerufen am 22. 08. 2012, um 12:12 Uhr von IEM-Fachinformation, Ist Bio gesünder?: http://www.lfl.bayern.de/iem/ernaehrung/35829/linkurl_0_94.pdf

Europäische Kommission I. (2012). *Was ist biologische Landwirtschaft? Ökologische/biologische Nahrungsmittel.* Abgerufen am 08. 08. 2012, um 17:00 Uhr von http://ec.europa.eu/agriculture/organic/organic-farming/what-organic/organic-food_de

Europäische Kommission, II. (2012). *Neue Gesetzgebung – kurzer Überblick.* Abgerufen am 10. 08. 2012, um 19:00 Uhr von EU Bio-Gesetzgebung konkret : http://ec.europa.eu/agriculture/organic/eu-policy/legislation_de#regulation

Europäische Kommission, III. (2012). *Bio, gut für die Natur, gut für dich.* Abgerufen am 10. 08. 2012, um 22:30 Uhr von Kontrolle und Zertifizierung: http://ec.europa.eu/agriculture/organic/consumer-confidence/inspection-certification_de

Fairtrade Deutschland. (2012). *Über Fairtrade.* Abgerufen am 21. 08. 2012, um 10:30 Uhr von http://www.fairtrade-deutschland.de/ueber-fairtrade/

Forsa. (12. 05 2011). *Meinungen zur Kennzeichnung „ohne Gentechnik".* Abgerufen am 30. 08. 2012, um 14:44 Uhr von Forsa Gesellschaft für Sozialforschung und statistische Analysen mbH: http://www.keine-gentechnik.de/fileadmin/files/Infodienst/Dokumente/Umfrage%20forsa_ohne_gt.pdf

Frühschütz, L. (07. 09 2010). *AID, Wissen in Bestform, Unterstützv vom BMELV.* Abgerufen am 24. 08. 2012, um 19:05 Uhr von Gerechte Preise für echte Partner (Fair Trade): http://www.was-wir-essen.de/einkauf/fair_trade_gerechte_preise.php

Gabler. (2012). *Gabler Wirtschaftslexikon.* (S. Gabler, Hrsg.) Abgerufen am 03. 08. 2012, um 12:42 Uhr von http://wirtschaftslexikon.gabler.de/

Global Nature. (2012). Abgerufen am 21. 08. 2012, um 12:00 Uhr von http://www.globalnature.org/bausteine.net/img/showimg.aspx?biid=17865&domid=1011&width=240

GSF, I. (2012). *Bio-Lebensmittel - umweltschonend und gesund?* Abgerufen am 20. 08. 2012, um 18:07 Uhr von GSF - Forschungszentrum für Umwelt und Gesundheit in der Helmholtz-Gemeinschaft: http://www.helmholtz-muenchen.de/fileadmin/FLUGS/PDF/Themen/Ernaehrung/Biolebensmittel.pdf

Innovationspreis Bio-Verarbeitung. (2007). *Willkommen beim Innovationspreis Bio-Lebensmittel-Verarbeitung.* Abgerufen am 31. 08. 2012, um 10:42 Uhr von http://www.innovationspreis-bio-verarbeitung.de/index.php

Jehle, J. (2012). *Das Apfelwicklergranulovirus Wirkungsweise, Resistenzphänomene und neue Isolate.* Abgerufen am 17. 08. 2012, um 13:30 Uhr von Labor für biotechnologischen Pflanzenschutz, Abt. Phytomedizin: http://www.laimburg.it/download/Apfelwicklergranulovirus.pdf

JKI, I. (2012). *Julius Kühn-Institut.* Abgerufen am 18. 08. 2012, um 15:45 Uhr von Pflanzenschutzmittel im Ökologischen Landbau, Bundesforschungsinstitut für Kulturpflanzen: http://oekologischerlandbau.jki.bund.de/index.php?menuid=33

JKI; II. (2012). *Julius Kühn-Institut, Bundesforschungsinstitut für Kulturpflanzen.* Abgerufen am 19. 08. 2012, um 10:50 Uhr von Übersicht: Nützlinge: http://oekologischerlandbau.jki.bund.de/index.php?menuid=25

Koerber, K. (2012). *Was ist Nachhaltige Ernährung?* (T. München, Hrsg.) Abgerufen am 06. 08. 2012, um 11:12 Uhr von http://ne.wzw.tum.de/index.php?id=3

Kretschmer, D., & Koerber, D. (2001). *UGB Gesundheitsberatung.* Abgerufen am 12. 08. 2012, um 14:45 Uhr von Ist Öko-Ware ihren Preis wert?: http://www.ugb.de/vollwert-ernaehrung/ist-oeko-ware-ihren-preis-wert/

Kypke, D., & Trajkovska, B. (2011). *Programm der Lebensmittelüberwachung Baden-Württemberg.* (M. f. Verbraucherschutz, Hrsg.) Abgerufen am 22. 08. 2012, um 11:39 Uhr von Ökomonitoring 2011: http://www.untersuchungsaemter-bw.de/pdf/oekomonitoring2011.pdf

Öko-Fair. (2012). *Ökologische Anbauverbände.* Abgerufen am 28. 08. 2012, um 14:42 Uhr von Bundesverband: Die Verbraucher Initiative e.V.: http://www.oeko-fair.de/ressourcen-bewahren/bio-landbau/organisation-des-bio-landbaus/oekologische-anbauverbaende/oekologische-anbauverbaende2

Ökolandbau, I. (2012). *Prinzipien des Ökolandbaus.* Abgerufen am 12. 08. 2012, um 12:35 Uhr von Ökolandbau das Informationsportal: http://www.oekolandbau.de/erzeuger/grundlagen/prinzipien-des-oekolandbaus/

Ökolandbau, II. (2012). *Warum sind Biolebensmittel teurer?* Abgerufen am 19. 08. 2012, um 16:16 Uhr von Gründe für den höheren Preis: http://www.oekolandbau.de/verbraucher/wissen/einsteigerfragen/warum-sind-biolebensmittel-teurer/

Ökolandbau, III. (19. 06 2012). *Soziale Landwirtschaft auf Biobetrieben.* Abgerufen am 30. 08. 2012, um 12:00 Uhr von Perspektiven für Menschen und Höfe: http://www.oekolandbau.de/erzeuger/grundlagen/soziale-landwirtschaft-auf-biobetrieben/

Otto-Kuhm, D. D. (2011). *Programm der Lebensmittelüberwachung Baden-Württemberg.* (M. f. Verbraucherschutz, Hrsg.) Abgerufen am 22. 08. 2012, um 12:58 Uhr von Ökomonitoring Baden-Württemberg: http://www.untersuchungsaemter-bw.de/pdf/oekomonitoring2011.pdf

Planer, J. (2010). *Entstehung, Geschichte und Entwicklung des Öko-Landbaus.* Abgerufen am 09. 08. 2012, um 19:32 Uhr von Bundesamt für Landwirtschaft und Ernährung (BLE): http://www.oekolandbau.de/fileadmin/redaktion/oeko_lehrmittel/Ernaehrungswirtschaft/Baecker_Konditor/bk_modul_a/bk_a_01/ewma01_03_2010.pdf

Planer, J. (2012). *Gesetzliche Grundlagen des Öko-Landbaus.* Abgerufen am 09. 08. 2012, um 14:20 Uhr von Bundesanstalt für Landwirtschaft und Ernährung (BLE): http://www.oekolandbau.de/fileadmin/redaktion/oeko_lehrmittel/Ernaehrungswirtschaft/Baecker_Konditor/bk_modul_a/bk_a_01/ewma01_07_2010.pdf

Rapunzel Naturkost. (2012). *HAND IN HAND - KRITERIEN.* Abgerufen am 21. 08. 2012, um 19:29 Uhr von http://www.rapunzel.de/kriterien-hand-in-hand.html

SoFar. (2012). *soziale Landwirtschaft - soziale Leistungen multifunktionaler Höfe.* Abgerufen am 30. 08. 2012, um 09:00 Uhr von Social Farming (Sofar): http://sofar-d.de/

Thielert, D. (2011). *Programm der Lebensmittelüberwachung Baden-Württemberg.* (M. f. Verbraucherschutz, Hrsg.) Abgerufen am 22. 08. 2012, um 14:36Uhr von Ökomonitoring 2011: http://www.untersuchungsaemter-bw.de/pdf/oekomonitoring2011.pdf

Umweltistitut München. (2012). *Fragen & Antworten - Biodiversität - Biologische Vielfalt in der Landwirtschaft – Grundlage für die globale Nahrungsmittelversorgung.* Abgerufen am 2. 09. 2012, um 12:12 Uhr von Umweltistitut München e.V.: http://umweltinstitut.org/fragen--antworten/biodiversitaet/landwirtschaftsdiversitat-829.html

Van Elsen, T., Kalisch, M., & Jaenischen, A. (2012). *Perspektiven sozialer Landwirtschaft auf Biobetrieben in Deutschland.* Abgerufen am 30. 08. 2012, um 11:34 Uhr von orgprints.org: http://orgprints.org/17677/3/van_Elsen_17677.pdf

Waiblinger, H.-U. (2011). *Programm der Lebensmittelüberwachung Baden-Württemberg.* (M. f. Verbraucherschutz, Hrsg.) Abgerufen am 22. 08. 2012, um 17:56 Uhr von Ökomonitoring 2011: http://www.untersuchungsaemter-bw.de/pdf/oekomonitoring2011.pdf

Wieland, M., & Scherbaum, E. (2011). *Programm der Lebensmittelüberwachung Baden-Württemberg.* Abgerufen am 22. 08. 2012, um 10:00Uhr von Ökomonitoring 2011: http://www.untersuchungsaemter-bw.de/pdf/oekomonitoring2011.pdf

WTFO. (2012). *World Fair Trade Organization.* Abgerufen am 28. 08. 2012, um 13:30 Uhr von Welcome to the source of authentic Fair Trade : http://www.wfto.com/index.php?option=com_content&task=view&id=889&Itemid=290